存·忆·生
遗·记·再

——哈尔滨市156项工程的城市记忆延续研究

吕 飞 武海娟 著

中国建筑工业出版社

图书在版编目（CIP）数据

遗存·记忆·再生：哈尔滨市 156 项工程的城市记忆延续研究 / 吕飞，武海娟著 . —北京：中国建筑工业出版社，2021.9

ISBN 978-7-112-26591-6

Ⅰ . ①遗… Ⅱ . ①吕… ②武… Ⅲ . ①工业建筑—文化遗产—研究—哈尔滨 Ⅳ . ① TU27

中国版本图书馆 CIP 数据核字（2021）第 191287 号

责任编辑：杨 虹 牟琳琳
书籍设计：康 羽
责任校对：刘梦然

遗存·记忆·再生
——哈尔滨市 156 项工程的城市记忆延续研究
吕 飞 武海娟 著

*
中国建筑工业出版社出版、发行（北京海淀三里河路 9 号）
各地新华书店、建筑书店经销
北京雅盈中佳图文设计公司制版
北京富诚彩色印刷有限公司印刷
*
开本：787 毫米 ×1092 毫米 1/16 印张：8¼ 字数：164 千字
2022 年 3 月第一版 2022 年 3 月第一次印刷
定价：58.00 元
ISBN 978-7-112-26591-6
（38133）

前　言

伴随着快速的城市化，城市建设中"脱胎换骨"的拆建和"死板效仿"的现象日益严重，这不仅造成城市间恶性竞争、城市形态和功能日益趋同，而且导致包含着丰富历史信息和深厚文化内涵的城市特色在逐渐流失。在城市化发展中，许多具有地方回忆的空间成为旧城更新和新城建设的"牺牲品"，文化同质或断裂导致城市"失忆"，城市失去了可识别性，居住在城市中的群体对城市产生记忆危机。2013年的中央城镇化工作会议和《国家新型城镇化规划（2014—2020年）》明确提出，要"记得住乡愁"和"保存城市文化记忆"。这意味着城市记忆已成为国家新型城镇化战略的重要内容，将成为未来城市保护和更新的重要发展方向。

2017年，党的"十九大"报告提出，"要坚定文化自信"，报告中关于"建设现代化经济体系"和"推动社会主义文化繁荣兴盛"的重要论述有很多涉及工业文化。此外，《关于推进工业文化发展的指导意见》（2016年）、《关于实施中华优秀传统文化传承发展工程的意见》（2017年）等文件的发布，也为中国特色工业文化建设和工业遗存的保护利用带来重大历史机遇。近些年，国家陆续下发《关于实施东北地区等老工业基地振兴战略的若干意见》（2003年）、《全国老工业基地调整改造规划（2013—2022年）》（2013年）、《国务院办公厅关于推进城区老工业区搬迁改造的指导意见》（2014年）、《关于全面振兴东北地区等老工业基地的若干意见》（2015年）等文件，全面振兴东北老工业基地已成为我国的重要发展战略。东北老工业基地是中国工业化进程中艰辛而富有意义的历史见证，是重要的城市工业遗存。156项工程是我国国民经济第一个五年计划时期（1953—1957年）苏联援助建设的重点项目，奠定了中国工业化建设的初步基础，具有重要的历史、文化和记忆价值。随着"坚定文化自信"及"156项工程"工业遗产保护的提出，中国特色工业文化建设与工业遗存的保护利用迎来新的发展契机。现在许多城市采取多种方式开展老工业基地的搬迁改造，但在改造中存在定位不合理、土地利用方式粗放、大拆大建等问题。因此如何在"退二进三"的发展进程中妥善处理东北老工业基地的历史遗留问题，挖掘东北老工业基地的 156 项工业遗存，从而延续城市记忆，增强文化自信，值得深思。

本书从城市记忆的理论出发，研究城市记忆中的工业记忆。其一，从城市记忆的国内外研究来看，城市记忆的研究从最初的心理学、档案学、历史学逐渐延伸至社会学、建筑学、地理学等领域，以规划手段和空间形态研究等为主导的城乡规划学科目前对其关注较少，现有的城市记忆研究多为定性描述，辅以定量化研究。目前有关城市记忆的研究，尚未形成完整、严谨的研究思路和框架，不同学科间的融合还稍显不足，呈现实践性不强的特征。此外，国内关于城市记忆的理论研究还缺乏针对我国具体的城市建设发展状况及集体心理特征的本土化研究，在城市规划领域，城市记忆的应用虽然存在城市记忆规划、城市记忆复兴和设计等内容，但总体还处于起步探索阶段，目前较多的应用实践集中在历史街区的记忆度测评，尚缺乏在工业遗存改造保护、城市更新中的应用。其二，从工业遗存的国内外研究来看，虽然工业遗存的研究得到了国内外普遍关注，但整体上仍处于探索与发展阶段，仍存在一些不足和问题，工业遗存的记忆挖掘、量化研究等是国内外研究的短板。与西方相比，我国还存在研究深度不足、理论基础薄弱的问题，很多学者关注工业遗存本身的保护与再利用，却忽略了工业遗存与当地经济、社会、文化等方面的深层关系，无论是从数量上，还是从研究内容上来看，我国对工业遗存更新与保护的关注还需进一步加强，民众对工业遗产的认识及保护意识还有待强化，因此对工业遗存的更新与保护存在进一步研究的必要性。特别是对"一五"时期等具有时代特征及东北老工业基地等具有地域特点的更新改造行动还缺乏长期跟进的调查以及系统的梳理，对老工业基地的精神内涵及文脉传承、情感保护较为忽视。因此有必要针对东北老工业基地具有典型特征的156项工程进行深入系统的研究，以促进城市健康可持续的发展。

　　城市建设发展和城市记忆延续之间的矛盾一直是城市化进程中的重要难题。随着城镇化进程的加快，东北老工业基地的保护利用和文化传承正面临着新的机遇与挑战。目前针对156项工程的专项研究尚处于初步阶段，研究成果仅有针对个别热点工业项目的保护研究，缺乏系统梳理，且其工业遗产价值未受到应有的重视。本书选取156项工程中哈尔滨的13项为研究对象，探索在"大拆大建、千城一面"的记忆危机下，如何对哈尔滨156项工程进行更新与保护。本书基于城市记忆理论来解决老工业区这一社会遗留问题，形成一套基于城市记忆理论的多层次多内涵的哈尔滨156项工程城市记忆现状分析与更新保护策略体系。本书在调研和梳理了与城市记忆、工业遗存与单位大院理论相关的国内外研究的基础上，形成本书的理论基础；通过历史文献查阅、实地调研、问卷调查、语义分析和数据分析等方法，梳理和评估了哈尔滨156项工程的城市记忆现状，构建"自上而下"和"自下而上"的城市记忆系统，多维度定性、定量评价156项工程的城市记忆认知水平及现存的问题；并在此基础上提出延续哈尔滨156项工程城市记忆的策略。本书的研究旨在审视当前哈尔滨工业遗产的保护情况，为其下一步的更新保护提供理论及实践指导，并期望为其他东北老工业基地的搬迁改造，乃至全国工业片区的更新提供参考思路，这些研究不仅有助于挖掘利用老城的存量空间，实现"城市双修"，而且有利于城市的产业转型升级和形象塑造。此外，本书研究的内容可以弥补城市记忆在工业遗存保护方面的匮乏，推动城市记忆量化的研究进程，对于扩展156项工程工业遗存的记忆，增强东北地区城市的文化自信具有重要的理论价值。

目　录

理论篇

现状篇

策 略 篇

理·论·篇

第1章 城市记忆理论

1.1 城市记忆的概念

在国外，城市记忆的概念常与"集体记忆"（Collective Memory）、"文化记忆"（Cultural Memory）、"实践记忆"（Practical Memory）等概念相关联（表1-1），在其研究语境中，城市记忆与集体记忆、实践记忆等概念的差别不是很大，学者多根据自己的研究需求来使用。最早将集体记忆与城市联系起来的是 Aldo Rossi（1982），其最早在著作《城市建筑学》中提出城市记忆是各个时间断面上城市所有无形精神文化和有形实体环境的共同记忆，"城市是人们集体记忆的场所及载体"[1]。

国外城市记忆相关概念的主要研究成果 表1-1

相关概念	研究者	时间	国籍	研究成果
实践记忆	Émile Durkheim 爱米尔·杜尔干	1912	法	以"集体欢腾"为基础提出"实践记忆"，认为个体的实践记忆塑造是个体情绪受到集体情绪感染并融入集体情绪的潜移默化过程[2]
集体记忆	Halbwachs 哈布瓦赫	1925	法	首次在论著《论集体记忆》中提出，认为"集体记忆"是社会特定群体追忆并研究过去、共享往事的过程[3]
文化记忆	Jan Assmann 扬·阿斯曼	1992	德	认为文化记忆是一个国家或民族的集体记忆，记忆传承的媒介有两种，分别为文化和仪式[4]

在国内，城市记忆的研究也源于集体记忆。从建筑学及城市规划的角度来界定城市记忆，目前学术界存在的主要观点有：

（1）城市记忆是一种集体记忆。城市记忆是城市内市民群众所共享的记忆，是集体记忆的一种，包括对重要历史事件、纪念性空间、共同生活习惯等的共同记忆。在不同时空背景以及不同市民群体内，城市记忆会存在一定的差异。

（2）城市记忆是一个动态系统。城市记忆作为一个系统，具有动态、复杂的特性，在时空维度上不断演化并进行选择性地传承。城市记忆系统不仅包括客观存在的物质型记忆要素、抽象的非物质型记忆要素，同时还囊括城市中不同类型的记忆认知主体对城市形象的认知和重构，即城市记忆是具备一定功能结构和秩序的多维系统，系统内各组成元素互为支持并与外部环境紧密联系。

（3）城市记忆是一种认知和重构行为。认知强调了城市记忆主体的主观心理感受，重构强调了城市记忆的动态变化，这样的阐释角度体现了对待城市历史的态度，城市的发展建立在对城市历史的不断认知和重构的基础上。

本书将城市记忆定义为城市各类社会群体在特定时间段内对城市特定空间、城市环境、城市事件、风情文化等各项物质型及非物质型要素的共同记忆 [5]。城市记忆由不同层面的集体记忆复合形成，具备城市记忆认知主体、城市记忆认知客体及时间空间属性，即城市记忆是空间、时间及人的认知，是由不同历史坐标点下的有形物质环境和无形精神文化串联形成，代表了城市生成、演化、发展的痕迹。

1.2　城市记忆的特征与作用

1.2.1　城市记忆的特征

（1）集体性。城市记忆具有集体性的特征。城市记忆显示的是社会维度的记忆特征，是被集体所共享和认同的记忆，它超越了个人的经验，以集体的视角进行呈现，是对城市各类居民群体的个人记忆共性特征的总结和提炼，具有普遍性。

（2）地域性。城市记忆具有明显的地域特征，表现在自然与人文两方面。自然方面，城市最基本的存在条件是自然环境，城市在选址、建设、发展等过程中无时无刻不受到自然环境的影响，从而形成了不同的城市空间形态、建筑风格和城市环境意象，产生具有地域特征的城市记忆，如"山城"重庆、"冰城"哈尔滨等。人文方面，城市特有的地域文化使认知群体形成对城市差异化的记忆，如民族风情特征和藏传佛教特征的拉萨城市记忆意象，古都文化及西北风情的西安城市记忆意象。

（3）时空性。城市记忆具有空间片断性和时间拼贴性。城市记忆具有记载城市空间环境各个时间断面历史过往的属性，城市物质空间的特征也会随着时间地发展呈现不同的时代特征，城市记忆也会在这个过程中不断丰富。不同的历史时期，有着属于各自年代独特的社会背景，而处于不同年代的人群，其记忆也会受到年代色彩的影响，因此不同时代或不同年龄段的人群会对同一城市空间环境产生不同的记忆。

（4）整体性。城市记忆是城市记忆认知主体和城市记忆认知客体在时空交汇中产生的交互作用过程，城市记忆的发展脉络中暗含了一种对城市历史文化保护的价值取向，而这种价值取向就要站在城市总体环境的角度来高屋建瓴地梳理城市的历史发展脉络。城市记忆常与集体记忆分不开，集体记忆采用的始终是一种集体性视角，揭示的是整个共同体而非个人的记忆，因此城市记忆的整体性特征是由集体记忆的属性决定的。此外，城市记忆融合了多学科的研究，多维度的研究反映出城市记忆的整体性。

（5）动态性。城市记忆具有动态性的特征。城市记忆是一个动态变化的系统，以城市将会不断地更新发展为前提，在时间维度上进行不断的积累、演变。城市记忆的动态性一方面保证了城市记忆会不断增添新的内容，另一方面，也反映出城市记忆会有随着时间流逝而被遗忘的可能。

（6）选择性。人的大脑容量是有限的，人们对于过往的记忆，会选择强调和记住一部分，而忽略或忘记另一部分，因此，城市记忆的认知主体在记忆过程中具有一定的选择性。此外，不同人群因各自所处的时代环境、工作背景、知识能力及记忆认知水平的差异而对城市空间庞杂的记忆内容有各自不同的关注点和感悟点，他们往往会选择性地记忆其中一部分内容。

（7）拼贴性。城市记忆具有拼贴性的特征。城市记忆糅杂了多个时间段的多项内容，呈现新旧记忆共存结合的状态，每个历史时期都会在城市建设历史上留下记忆，各个时代留下的记忆场所、记忆空间、记忆符号等以拼贴的形式共同构成城市的记忆年轮。

1.2.2　城市记忆的作用

（1）有助于城市居民建立情感归属和自我认同。马斯洛（Maslow）的需求层次理论指出情感和归属的需要是人第三层次的心理需求，是人们"自我实现"的基础。对城市记忆的共享有助于个体居民被他人和集体认可与接纳，进而产生情感归属和自我认同，这种归属和认同不仅是地域层面的，也是文化思想、价值观念层面的。一般情况下乡愁可以被解读为某个地域的居民群体对故乡的缅怀和思念，也是一种集体记忆，保护城市记忆对于"记得住乡愁"有重要意义。在中国，寻根问祖的文化源远流长，保护城市记忆有助于促进居民间的连带情感，增强人民凝聚力。

（2）有助于城市文脉的延续和城市特色的塑造。一个城市的文化可以反映出市民的价值观念、风俗民情，是城市在发展进程中留下的文明积淀，同城市记忆一样，也是城市居民集体建构和认同的事物，任何一段城市文化的发展脉络都对应着一段独特的记忆延展脉络。目前，城市文化趋同的现象层出不穷，城市的外部空间形象"似曾相识"，造成所"记"之形无处不在、所"忆"之景无所不同的后果，城市特色面临危机。在城市文化呈现出快餐式的发展倾向下，对城市深层文化的召唤与回归越来越受到重视。城市文脉的延续、城市特色的营造与城市记忆的保护应该被看作为一个"三位一体"的概念，一个拥有完整记忆图谱的城市必然是文脉延续、特色突出的城市，而一个城市记忆残缺不全的城市也必然存在文脉断裂、特色缺失的现象。因此，应保护好城市记忆的完整图谱，不能厚此薄彼，也不能厚古薄今。

（3）有助于城市空间场所精神的复兴。城市空间只有承载了多样的活动、储存了生活的经历、刻录下城市的记忆，才能被称之为"场所"。居民可以在场所中唤起回忆，引发共鸣，并产生情感依赖。城市记忆体现出现实空间环境与人们主观意识间的关联和互动，唤起人们的"城市记忆"需要营造具有相应氛围的场所空间，而这种场所空间又反过来进一步强化所对应的城市记忆，强化城市空间与城市居民间的情感关联。所以城市记忆对于城市空间场所精神的复兴具有重要意义。

1.3　城市记忆的认知主体与客体

1.3.1　城市记忆的认知主体

城市记忆的认知主体即对城市记忆进行创造、延续及感知的群众集体。城市记忆的认知主体可以进行多样化的分类。

从停留时间的长短、认知水平的差异来看，城市记忆主体可以分为以下四类，具体信息见表1-2。

按停留时间、认知水平对城市记忆认知主体分类[6]　　　　表1-2

主体	停留时间	是否本地居民	认知方法	认知水平
持续性	＞10年	是，长期生活居住在此的老市民	亲身经历代际传递	高
阶段性	较长，但＜10年	是，因为工作、学习等停留在此的新市民	亲身经历	较高
闪存式	较短	否，常为去旅游或出差的外来人群	亲身经历	较低
听闻式	从未来过	否	媒体	低

从城市记忆认知主客体的关系上看，城市记忆主体可分为表现者和使用者两类，前者的属性为"自上而下"的官方记忆，包括政府、政治权力拥有者与专业工作者或精英；后者的特征是"自下而上"的民间记忆，包括城市中的广大公众。

（1）"自上而下"的认知主体。集体记忆的控制权掌握在拥有话语权的主体上，许多学者表达了政治权力在集体记忆建构过程的作用，如康纳顿的研究[7]，在他们看来，城市记忆最具权威的代表是城市的掌权者，他们建构出来的城市记忆常常带有深刻的政治烙印，常会生产出一些带有伟岸形象的元素，如纪念碑和标志建筑。自古以来，官方集体记忆都占据决定性的主体地位，并作为公众对城市过去发生事件进行认知的文本参照，这些官方记忆也将深刻地影响着城市的未来形态、城市规划、文化保护等多方面。

（2）"自下而上"的认知主体。城市记忆是以不同层面的个体记忆为基础复合而成的，个体记忆通过逐步共享对城市的记忆和情感而与集体记忆产生联系，产生和构建出社会认同感。现在的城市发展倡导公众式参与，城市文化的多元性需要来自民间的有效支持，而来自广大公众的民间记忆是散落在城市各个角落的重要历史文化碎片，是一座城市最特殊的方言。在地方感及场所理论的研究中，都强调了人的重要性，而城市记忆的保持和重塑都要归于广大公众对其的传承和演化。

1.3.2　城市记忆的认知客体

城市记忆的认知客体是城市记忆具体的展现形式。结合前文研究，本书将城市记忆的认知客体归纳为两方面，物质型记忆要素和非物质型记忆要素。

（1）物质型记忆要素。所谓物质型记忆要素，又称为实体要素、可视要素，是一种存在于城市空间中的显形形式，主要包括以下几类，具体为：

1）自然环境要素，可形成城市的自然生态格局，是城市发展的本底，主要包括气候条件、地形地貌、水文、动植物及矿物资源等。

2）空间形态要素，主要包括城市的空间结构、空间肌理、道路交通体系、城市标志、边界等，城市形态是特定的地理环境和社会发展阶段中，人类活动与自然因素相互作用的结果，是人们通过各种方式认知并反映城市整体意象的总和。

3）建构筑物要素，不同时期的建构筑物可以反映该时期的城市经济、社会和文化发展状况，是城市发展历程中时间断面上最好的见证者，包含着丰富的历史信息，它是城市发展中各种营造活动创造出来的实物，属于不可移动的物质文化遗产。

4）景观要素，主要包括开敞空间和城市色彩等，开敞空间包括绿地广场及街巷空间等；城市色彩是城市公共空间中所有裸露在外可被感知的色彩总和，每一座城市都以其不同的色调与特色带给人不一样的感受和记忆。

（2）非物质型记忆要素。所谓非物质型记忆要素，又称为非实体记忆要素、文化要素、不可视要素，是一种以表达概念、象征或意义的隐形记忆材料，主要包括以下几种：

1）名称符号要素，主要包括地名、街名、符号系统等，名称符号是承载地域文化的重要载体，蕴藏着丰富的信息，往往能反映地域的自然环境、居民族群、历史文化、宗教信仰等，常被称为"指向过去的路标"。

2）文献资料要素，包括各种手稿、地方志等图书资料及碑刻、题记等文字史料，这些文物可以展现城市的历史和地域文化，是承载城市记忆的重要载体。

3）特色技能要素，可分为两种形态，一种是"非物质形态"的制造技艺、传统知识、重要领域工业技能及民俗文化表演等，一种是"物质形态"的与非物质文化紧密相关的工具和工艺品。特色技能要素集中展现了地域的风土人情与文脉延续，是认知主体进行社会认同的重要参照。

4）历史人物与事件要素，历史人物与历史事件是城市物质空间环境的故事内涵，人物和事件要素可以展现城市记忆的具体细节，且大多会在空间环境中留下相应的历史印记或符号，可以展现城市当时的时代风貌，增强空间环境的感染力。

1.4　城市记忆系统分析

学者 Christine、Foucault 提出城市的历史记忆主要由社会权力机构操控，体现为精英文化和统一规范的主流价值观，而城市中的广大公众只在记忆过程中担当"受众"的角色[8]、[9]。近年来，城市记忆的发展趋势有所改变，逐渐加入了公众参与。城市记忆逐渐成为统治阶级和民间群体共同享有和建构的文化共同体。城市记忆是一个多元化的复杂系统，囊括认知主体、客体和时间要素。本书按照城市记忆认知主体的权力关系，将城市记忆系统拆解为两部分意识形态：一部分是社会权力、体制保障的官方历史或统治精英文化，即"自上而下"的官方记忆；另一部分是日常的生产、生活和社会关系搭建出来的民间情感、民间文化或民间历史，即"自下而上"的民间记忆（图 1-1）。

1.4.1　城市记忆系统的组成

（1）"自上而下"的城市记忆系统：官方记忆。官方记忆是由政府的统治权力机构或知识精英集团通过官方媒介构建，"自上而下"地进行传播，是居于主流支配地位的历史叙事方式。它侧重对城市阶段性重大事件的论述，叙述较为理性和客观。官方记忆由于受到体制和政府权力的保障，从而可以较稳定和持久地保存，而城市规范和调控也是由官方机构形成的，可以促进城市合理有序地协调发展。

（2）"自下而上"的城市记忆系统：民间记忆。民间记忆由与地方民间文化相关的各种媒体、社会公众舆论自发构建形成，"自下而上"地传播，是一种"市井"的集

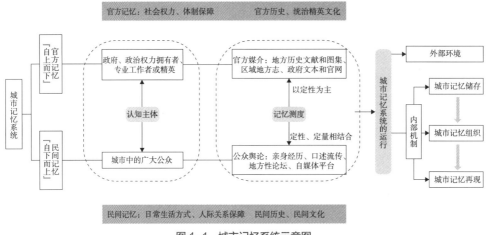

图 1-1　城市记忆系统示意图

体记忆方式。其内容主要涉及日常生活及乡土情感体验，具有多元、拼贴、感性、渐变的特征。民间记忆与日常生活紧密联系，为民众所熟悉和喜闻乐见，对个体记忆的塑造具有绝对意义。民间记忆因多样散漫和感性色彩，容易在代代相传的过程中被不断夸张变形。

1.4.2　城市记忆的测度

"度"常用来作为更直观、更具体感受事物对象的一种计量单位。城市记忆的测度是城市记忆量化分析中的一个概念，主要是通过设计测量量表，运用不同的计算方法对记忆认知主体进行测评，量化分析主体对记忆对象的记忆程度，从而挖掘记忆程度与影响因素间的关系，为城市更新和城市记忆的保护提供指导。两种意识形态的城市记忆测度方法如下：

（1）"自上而下"的记忆测度。城市的"官方"记忆主要通过官方媒介传播，如区域地方志、历史图集、政府文本、政府官网等。"自上而下"的记忆测度通常是定性的，主要是通过梳理各种官方媒介资料，了解地方的历史沿革和发展脉络，通过梳理地方的空间环境变迁对地方特色资源进行标注；还可以对政府规划文本进行语义分析，从而了解政府权力机构对地方文化的关注态度及未来的规划意象，从而为城市的发展和规划设计提供指导性建议。

（2）"自下而上"的记忆测度。城市的"民间"记忆主要通过社会公众的舆论传播，如亲身经历和口述流传，其次是与地方民间文化相关的媒介载体，如地方性论坛、自媒体平台等。"自下而上"的记忆测度常常是定性与定量的方法相结合，以传统的问卷调查和深度访谈等方式，获取社会公众对区域的情感回忆和文化认同点，同时可建立指标体系，并通过问卷结果和数理统计对城市记忆进行定量测度，量化研究公众的城市记忆特征；还可以通过文本语义，分析与地方民间文化相关的媒介载体，来得到城市记忆在民间的主导叙事方式和特征。

1.4.3　城市记忆系统的运行

城市记忆系统的正常运行包含两方面的内容，其一是外部环境，指的是通过各种途径和方法，记忆认知主体获取认知客体信息的过程；其二是内部机制，是主体处理客体信息的过程，包括记忆信息的储存、组织和再现。

（1）城市记忆储存。城市记忆保留了不同时代背景下人们的生活痕迹，城市记忆的储存是一个逐渐积累的过程。城市记忆储存是指对记忆客体信息，既包括物质型要素，也包括非物质型要素，累积、留存和保护的过程，主要目的是使得城市记忆主体加深对城市历史文化的了解和关注。储存手段既有"自上而下"的政府权力机构规划和管理，也有"自下而上"的民间力量自发组织和传播。

（2）城市记忆组织。城市记忆组织是指整合和处理记忆信息要素的过程，主要目的是形成较为完整和连续的城市记忆图谱。城市记忆在组织的过程中要从宏观、中观和微观层面分别来探讨。宏观层面，指在整个城市空间范围和较大的时间跨度内进行记忆的组织，有利于梳理城市整体的发展脉络。中观层面，指在城市的某一街区或功能区域实行渐进式、小规模的更新改造。微观层面，指对自然环境、建构筑物等实体要素，工艺、地名等非实体要素进行的记忆组织，需要根据要素的自身特点，突出区域环境的城市记忆主题，强调系统性。

（3）城市记忆再现。城市记忆再现就是对记忆客体进行重新编码，结合特定的城市记忆主题，根据具体城市记忆要素的特性和与周边环境的关系，通过多样化的设计和展示手段，来延续城市环境的空间意义和历史文化氛围。主要包括环境意象的塑造、社会网络的留存等记忆再现方式，充分展现留存下来的城市记忆客体，同时满足城市记忆主体的记忆感知需求和供给需求，在升华传统记忆的同时，注入新的记忆，从而促进城市记忆系统有机生长。

1.4.4　城市记忆系统的演化与传承

城市记忆是一个动态变化的系统，并随着时代的发展进行不断地演化及选择性传承，这个过程往往呈现时代性的特点，如城市在不同年代会有不同的城市景象。在某一时间断面内，记忆主体会对周边不同时期建立起来的城市景象产生记忆印象，并对早前的城市景象保留相关的记忆碎片，随着时间的推移，现存的城市景象又将进行更

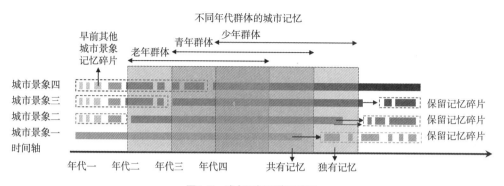

图1-2 城市记忆系统示意图

新改造，并且仍将以记忆碎片的形式影响未来新的城市景象（图 1-2）。城市记忆系统的演化周期可以看作是以人的生命周期为基础的，我们常常用"80后""90后"来界定不同年代出生的群体，也反映了城市记忆的年代特征。不同年代的人群彼此间既存在独有记忆，也存在共有记忆，独有记忆是他们树立自我认同感的标志性记忆，共有记忆是各个年龄群体相互沟通交流的重要内容。如在现代某些家庭中，对于"90后"的孩子来讲，"60后"的父母对粮票、肉票的记忆是一种独有记忆，但他们都一同见证了近十几年来中国经济的飞速发展，父辈用自己的独有记忆教育孩子忆苦思甜，孩子对父母讲要与时俱进，所以即使不同年龄群体之间会在某一时期一同体验相同的城市空间、城市景象及城市文化，但他们的关注重点可能会存在不同，所以他们对同一事物的记忆同样也存在一定的差异。

第2章 工业遗存与单位大院理论

2.1 工业遗存的保护历程

国外对工业遗存的研究起源于1950年代的英国，后又陆续传到美国和日本，并且在保护实践方面积累了丰富的经验。工业遗存保护在两大机构（国际工业遗产保护委员会和欧洲理事会）的组织和领导下得到了长足的发展。这两大机构召开了多次国际主题会议，会议上的许多成果，如专题报告、研究论文等极大地推动了工业遗产保护的发展历程。2003年，《关于工业遗产的下塔吉尔宪章》发布，2006年，"保护工业遗产"成为国际古迹遗址日的主题，这些工业遗存保护历程中的里程碑事件，极大促进了工业遗产保护在全球范围内的共识，使其变成全球关注的焦点。

在国际上，发展较为成熟，但国内学术界尚少有人关注工业考古学，但基于其发展而来的工业遗存或遗产在国内已有较多研究。国内对工业遗存的研究起源于20世纪末，其真正进入主流话语体系，源于2006年中国工业遗产保护论坛的举行。2010年，首个工业遗产保护领域的学术组织，中国建筑学会工业建筑遗产学术委员会成立，推动了国内工业遗存的保护发展，与此同时第一届中国工业建筑遗产学术研讨会召开。此后，每年举办一次中国工业建筑遗产学术研讨会，并且有不同的主题（表2-1）。这一阶段，各地的工业遗存保护与利用工作相继展开，工业遗存的调研更加深入，工业遗存保护与再利用的实践成果也逐渐丰富。

2.2 东北老工业基地的形成

东北老工业基地一直在中国的工业化进程中占据着重要的位置，它在1949年前就是东北亚区域重要的工业基地，在中华人民共和国成立后也是中国工业的奠基地之

历届中国工业建筑遗产学术研讨会一览表   表2-1

	时间	主题	地点
第一届	2010.11	中国工业建筑遗产的调查、研究与保护	北京
第二届	2011.11	地区性工业建筑遗产的研究与保护	重庆
第三届	2012.11	工业城市与工业遗产	哈尔滨
第四届	2013.11	工业遗产的田野调查和价值评价	武汉
第五届	2014.11	都市乡愁与工业遗产	西安
第六届	2015.11	工业遗产的未来	广州
第七届	2016.11	工业遗产的科学保护与创新利用	上海
第八届	2017.12	工业遗产、文化创意产业与创新型城市发展	南京

东北老工业基地的发展阶段   表2-2

时期	特点	详述
萌芽期 1868—1945 年	列强入侵，工业发轫，基础工业受资本主义压制	清末民初，西方列强的侵入和资本主义带动了东北的工业发轫，同时在 20 世纪初开始发展民族资本主义工业；沙俄、日侵略统治时期，军事工业与民用工业并重，重工业畸形膨胀，民族工业衰败与破产
起步期 1946—1964 年	苏联援建，老工业基地基础薄弱	中华人民共和国成立初期，受政治时局和美帝政治与经济的封锁，主要依靠苏联援助，新建和改造各大厂区，奠定我国工业化初步基础；1963 年苏联撤回援助时，此时的工业基础还较薄弱，城市基础设施缺乏
曲折期 1965—1978 年	工业区与城市同步发展，以工业带动城市发展	苏联撤回援助后，我国开始自行摸索工业建设的方法。这一阶段的工业区发展与城市同步，工业扩大再生产并调整产业结构，城市基础设施完善，城市功能趋于多样化
壮大期 1979—2002 年	城市规模在工业带动下扩大，但工业的主导地位逐渐衰退	改革开放后，东北老工业基地基础雄厚，为城市经济腾飞做出巨大贡献，城市规模也随之扩大。进入 1990 年后，由于体制性和结构性矛盾、企业设备技术老化、竞争力下降，城市主导产业衰退，经济发展缓慢甚至停滞
振兴期 2003 年至今	工业经济地位削弱，国企面临工业转型、产业重组	近年来，工业在东北地区经济中的主导地位削弱，对经济发展的带动作用也逐年弱化。2003 年，党中央确立了东北老工业基地的独特地位，并表示要支持其现代化转型。大型国有企业重新构建产业模式、调整产业结构成为必然趋势。大批老工业企业在新的产业重组中被搬离市中心或搬迁改造或直接拆除

一。东北老工业基地的历史沿革可分为以下五个阶段，具体情况见表 2-2。

    2017 年，党的"十九大"报告提出，"要坚定文化自信"，报告中关于"建设现代化经济体系"和"推动社会主义文化繁荣兴盛"的重要论述有很多涉及工业文化。此外，《关于推进工业文化发展的指导意见》（2016 年）、《关于实施中华优秀传统文化传承发展工程的意见》（2017 年）等文件的发布，也为中国特色工业文化建设和工业遗存的保护利用带来重大历史机遇。近些年，国家陆续下发《关于实施东北地区等老工业基地振兴战略的若干意见》(2003 年)、《全国老工业基地调整改造规划（2013—2022 年)》(2013 年)、《国务院办公厅关于推进城区老工业区搬迁改造的指导意见》(2014 年)、《关于全面振兴东北地区等老工业基地的若干意见》(2015 年) 等文件，全面振兴东北老工业基地已成为我国的重要发展战略，这些都为从理论和实践上进一步研究工业遗存的更新改造创造了更多有利条件。东北老工业基地的研究目前主要侧重于老工业基地的振兴、旧城工业区保护与更新、老工业基地的更新实践等内容。

2.3　156 项工程的形成

中华人民共和国成立后，面对一穷二白的工业基础，我国实施了"一五"计划（1953—1957 年)，156 项工程即在此背景下诞生，是由苏联援助建设的重点项目，实际施工 150 项，分布于全国 17 个省区（表 2-3、图 2-1)。这些项目在建设中，苏联政府和人民给予了许多帮助，除了提供设备和资金外，还从厂址踏勘与

156项工程（实际施工）在全国各省份的分布数　　表2-3

地区	省份	各省项目数（军工）	各地区项目数（军工）	占比
东北	黑龙江	22（2）	56（6）	37.33%
	吉林	10		
	辽宁	24（4）		
西北	陕西	24（16）	33（17）	22.00%
	甘肃	8（1）		
	新疆	1		
华北	山西	15（9）	29（14）	19.33%
	内蒙古	5（2）		
	河北	5		
	北京	4（3）		
中南	河南	10（1）	17（2）	11.3%
	湖北	3		
	湖南	4（1）		
西南	四川	6（4）	10（4）	6.67%
	云南	4		
华东	安徽	1	5（1）	3.33%
	江西	4（1）		
项目总计		150（44 个军工）		100%

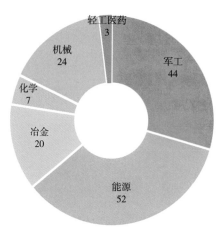

图 2-1　156 项工程（实际施工）分类统计

选择、施工设计、建设指导等方面进行了全方位援助。156 项工程及其配套设施的建设，使中国的基础工业与国防工业框架迅速建立起来，为我国的航空、动力、机电等基础产业的发展，为国民经济的发展和综合国力的增强，做出了不可磨灭的贡献。

156 项工程是我国国民经济"一五"计划苏联援建的重点项目，奠定了中国工业化建设初步的基础。中国由此形成了世界上除美国和苏联外，第三个独立自主的完善工业体系。156 项工程的建设带动了我国的经济发展，具有重要的历史、文化和记忆价值。但经历半个多世纪，在快速城市化的冲击下，受"退二进三"、传统工业经济式微、城市空间发展等的影响，不少城市的 156 项工程正面临搬迁、拆除的巨大压力。2014年 10 月 10 日，中国新闻文化促进会、中国开发性金融促进会、中国俄罗斯友好协会联合举办主题会议提出了《156 项工程工业遗产保护倡议书》，倡议书要求要深入挖掘156 项工程历史文化内涵，加强科学保护。

"一五"期间苏联援助建设的重点项目，目前学界对此加以详细研究的成果并不多，大多都只是从建设背景和发展历程等方面进行了概述。目前除董志凯、吴江合著的《新中国工业的奠基石——156 项工程建设研究》[10]、杨晋毅团队[11]、[12]、徐苏斌团队[13]、[14]等跟踪研究的部分 156 项工程，国内还未有专门著作对东北区域的 156 项工程加以研究。针对东北老工业基地 156 项工程的专项研究目前还未形成体系，基本只局限在建筑单体层面，缺乏从宏中观的视角对其进行系统梳理。

2.4 单位大院分析

2.4.1 单位大院的形成背景

东北老工业基地"典型单位制"的研究对于了解东北老工业基地具有重要参考价值。单位即给居民提供各种就业机会的工作单位，是我国计划经济时期的特殊产物，是我国城市最基本的社会管理与组织形式[15]。单位大院是单位在城市中所对应的空间形态，是单位的物质空间载体。

单位大院的形成背景与单位制的形成背景密切相关。我国单位制兴起于 20 世纪 50 年代初，国家采取单位制这种相对集权化的组织管理方式，一方面保证各个单位的相对独立完整、灵活机动，可随时进入备战状态，另一方面以单位的形式分配公共资源，可以在生产力及城市化水平较低的情况下迅速解决民生问题，实现社会稳定及有效的调控[16]。可以说，在中华人民共和国成立初期的计划经济时期，单位作为一种基于"业缘"关系而非血缘关系的社会化"大家族"系统，代替了中国传统家族的社会功能。有了单位制，也就有了单位大院。在这种体制下，国家土地无偿划拨，各个单位未经过统一的规划就进行圈地建设，通常占地较大，呈现割据之势。同时，由于基础设施的匮乏，单位往往自行解决，逐渐形成了一个集生产、办公、居住、后勤服务为一体的小社会。单位大院用围墙的形式，严格限制外来人员进出，形成了内向、封闭式、自给自足的工作生活空间模式及独特的单位文化。另外，单位大院空间模式的形成也受到中国传统文化的影响。自古以来，我国城市的建设都承袭中央集权式的思想，封闭式的城市空间有着深厚的历史渊源：中国古代闾里、里坊等封闭式城市空间单元无不反映出一种封闭式的城市组织形式。

根据单位的职能分类，单位大院也可以分为机关单位大院、事业单位大院、企业单位大院这几种类型。对于东北老工业基地来说，企业单位大院是城市空间的重要组成部分，是分布数量最多、范围最广的单位大院类型。东北老工业基地的企业单位大多数是在中华人民共和国成立初期，特别是"一五"时期，建立起来的。这些工业企业的建设使得单位制在较为集中的空间范围内迅速展开，占地面积大、分布集中[17]。一直到今天，单位大院仍然是东北老工业基地城市空间的重要构成要素之一。

2.4.2 单位大院的特征

（1）封闭性。单位大院一般都采取封闭式的管理办法，以围墙、门禁的形式，严格限制外来人员的进出，形成一个相对封闭的空间。这种空间模式使得内外部之间缺乏互动的活力，各个单位大院类似城市中的一个个"孤岛"，将城市整体空间割裂得支离破碎。

（2）复合性。单位大院通常功能复合齐全，可以满足日常工作生活需求。一些单位大院除了具有办公、居住、礼堂、食堂等建筑外，还拥有托儿所、医院、澡堂、健身等功能，具有复合性。

（3）独立性。单位大院因为具有复合的功能，在一定程度上可以自给自足，同时，由于采取封闭式的管理方式，所以具有独立性的特征。这种独立性一方面是功能及管理上的独立性，也体现在规划建设的独立性上，单位大院内部的建设独立于城市总体规划管理之外。

2.4.3　单位大院的现存问题

1. 新时代下的困境

单位大院是计划经济时期的产物，曾在计划经济时期扮演了重要的角色，对工业城市的发展起到了重要的作用。但随着市场经济的发展以及单位体制、住房制度的改革，单位大院自身面临分解的困境。

（1）熟人社会瓦解。住房商品化的变革打破了单位大院职住一体化的模式，经济条件较好的职工逐渐搬离单位住区，低收入群体只能继续留住，同时一些非职工群体迁入居住，熟人社会瓦解，住区的安全性及邻里间的凝聚力降低，原住民的排外及防备心理则日益加剧。

（2）空间愈加复杂。单位大院在建设之初，由于缺乏规划依据，用地边界划定随意，随着单位大院的发展及用地权属的变化，单位大院的用地边界向扩张或萎缩两个方向发生变化[18]，愈加趋于凌乱复杂。另外，单位大院在发展过程中，存在加建建筑等现象，特别是土地权属发生变化之后，这种现象更为显著，出现公共空间被挤占、环境质量下降、停车空间混乱等问题。

（3）集体记忆消逝。单位制度不仅曾对我国的政治、经济、社会、文化产生了深远的影响，也对那个年代人的思想意识和价值观念留下了深刻的烙印。随着国家就业制度、住房分配制度和单位福利制度的改革，单位制度也随之变化并逐渐解体。这种解体可以被看作是对城市空间、社会制度、居民阶层、集体记忆以及城市文化的一次重构。过去"设施完备、邻里一家"的单位大院一去不复返，由"单位人"组成的同质化居民结构变为异质化居民结构，"熟人社会"的邻里关系逐渐淡漠，属于那个年代的集体记忆也随着"单位人"的解散或老龄化而逐渐减退。许多文艺作品里都曾描述过"大院文化""单位情节"等内容，对于老一辈"单位人"来说，单位"包办"的记忆难以忘怀，但年轻一代却缺少共鸣。如今"大院文化"所依附的社会框架已不复存在，在此情形下，单位大院的建筑物、构筑物、设施、老照片、档案等物质记忆要素以及路名、厂名、厂歌、名人轶事等非物质记忆要素对于单位大院的记忆延续有着重要作用。然而，在快速城镇化的进程中，许多单位大院的记忆载体并没有得到足够的重视及妥善的保存，有关单位大院的集体记忆存在减退的现象。

（4）亟待更新保护。单位大院是特殊年代的时代见证，具有一定的历史价值；单位职工对其具有较深的情感寄托，具有难以割舍的"单位情节"，因此也具有一定的文化价值；同时，一些单位大院，特别是"一五"时期企业单位大院，曾创造了许多中国的第一，具有一定的科技价值；另外，单位大院的一些具有时代特征和地域特征的建筑也具有独特的艺术价值。所以，单位大院应该受到应有的保护。单位大院的现状情况与其单位的运营情况有很大的关联。军事大院、政府大院、校园大院等机关及事业单位的大院大多还在存续发展，在运营过程中不断地更新并得到了较好的维护，大院的整体风貌、建筑质量、环境风貌、单位氛围等情况较好，但也存在盲目更新的现象，一些年代久远的建筑未得到妥善保护，而是被推翻重建。对于企业单位大院来说，在市场经济背景下，企业发展前景参差不齐，一些企业单位经营惨淡，单位大院也未得到应有的维护，环境破败，逐渐成为城市的亚空间，亟待更新与保护。

2. 对城市的负面影响

（1）城市空间破碎。单位大院建设之初，受到无偿划拨土地机制的影响，单位大院大多占地较大，一方面造成了土地使用的浪费，另一方面割裂城市空间，城市空间呈现破碎化的趋势。

（2）城市交通阻隔。由于单位大院采取封闭式的管理，大面积的城市土地不允许城市道路穿越，导致城市道路网的低密度及低能效，阻隔城市交通，加剧了城市交通的拥堵。

3. 更新与保护的机遇与挑战

（1）打开单位大院。《中共中央国务院关于进一步加强城市规划建设管理工作的若干意见》提出"已建成的住宅小区和单位大院要逐步打开"。逐步打开单位大院的要求，在一定程度上可以促进单位大院的更新，使单位大院进一步与城市融合，但在"打开"的过程中，如何合理拆建、如何保护、如何进行管理和维护，值得探索。

（2）老工业区搬迁改造。近几年，国家陆续下发了推动老工业基地搬迁改造的文件，老工业区搬迁改造成为老工业城市存量发展的重要议题。在此背景下，大量企业单位大院都将面临更新改造。相比于机关大院、事业单位大院，企业单位大院更新与保护的形势更为迫切，涉及的数量及范围也更多。

现 · 状 · 篇

第 3 章　哈尔滨 156 项工程的基本情况调查

本书研究的主题是东北老工业基地的城市记忆延续研究，选取哈尔滨 156 项工程作为研究对象，主要是基于以下考虑：第一，哈尔滨作为典型的东北城市，其工业历经了时代变迁，是政府发展规划和城市规划中重要的空间要素及持续关注的对象，选取哈尔滨为样本，可在一定程度上概括东北老工业基地的变迁特征；第二，156 项工程建在东北的有 56 项，哈尔滨占有 13 项，居于东北首位，因此哈尔滨 156 项工程具有核心研究的价值和代表性。

3.1　建设背景

3.1.1　工业发展历史沿革

哈尔滨的工业遗存始于中东铁路，历经沙俄、日本、苏联和中华人民共和国成立等不同历史时期建设叠加形成（图 3-1），工业内涵丰富。尤其在抗美援朝时期，"南厂北迁"的战略方针使哈尔滨成为战略后方，工业得以迅速发展，对全国和地方工业

图 3-1　哈尔滨工业发展历史沿革

发展起了重要的支援作用[19]。哈尔滨的工业经济结构主要形成于国家的"一五"计划和"二五"计划时期，初步建立了"三大动力""十大军工"的工业城市印象，形成了以重工业为重心、以国有大中型工业企业为主体的工业体系框架。

3.1.2　工业遗存保护现状

哈尔滨的工业用地近77平方公里，占城市建设用地的21.6%。受"退二进三"、传统工业经济式微、城市空间发展等的影响，哈尔滨的工业用地中心发生了转移，工业布局变化以工业开发区的大规模兴建和城区传统老工业搬迁的飞地式扩张为主，工业布局相对集中，对城市核心区呈包围态势。八大工业区（三大传统五大新型），北跃南拓，格局凸显（图3-2）。

图3-2　哈尔滨工业片区分布图

图 3-3　哈尔滨工业建筑遗存分布图

　　从 1984 年起，哈尔滨开始了遗产保护的工作，先后对五批历史建筑遗产完成了普查，确定了 22 处历史文化街区、415 栋历史建筑，其中工业类建筑仅占不到 1%。由此可以看出，哈尔滨对于工业遗存的关注度较低。近年来哈尔滨加强了对工业遗产的保护，制定了相关规划（图 3-3），但该规划缺乏对哈尔滨各时期工业建筑的深入普查，很多优秀的工业建筑未能涵盖其中，而且未能很好地实施规划。

　　目前，我国企业单位大院历经六七十年的发展如今情况各异，根据现存状态进行分类可以划分为原址留存、搬迁改造、拟搬迁改造三种类型（表 3-1）。首先是原址留存型，此类企业单位大院相较于其他两种类型，基本保留了过去的大院空间肌理、建筑物和工业构筑物，其更新建设及特色建筑的保护行动主要依靠企业自行组织实施，部分企业还建设了企业文化博物馆，企业文化宣传、建筑保护及环境维护情况较好，

哈尔滨市企业单位大院现存状态举例　　　　　　　　　　表3-1

现存状态	案例
原址留存	哈尔滨汽轮机厂、哈尔滨锅炉厂、哈尔滨电机厂、哈尔滨伟建机器厂、东安机械厂、东北轻合金厂、哈尔滨量具刃具厂
搬迁改造	哈尔滨电表仪器厂、哈尔滨电碳厂、哈尔滨亚麻厂、哈尔滨车辆厂
拟搬迁改造	哈尔滨建成机械厂、哈尔滨第一工具厂、哈尔滨啤酒厂、哈尔滨轴承厂

但也存在维护不周、盲目拆除更新改造的现象。其次是搬迁改造和拟搬迁改造型，这两种类型的企业单位大院有一大批已让位于城市发展建设，搬迁改造的企业一般都在郊区建立了新厂址，部分拟搬迁改造的企业单位大院因开发用途、资金筹集等问题难以达成一致而使老厂区长期闲置，陷入不保护也不开发的窘境。

3.1.3　工业基地现存问题

受"退二进三"、传统工业经济式微、城市空间发展等的影响，不少工业企业面临倒闭，被商业、住宅等取代的危机。哈尔滨老工业基地目前存在以下问题：

（1）工业遗产保护意识匮乏。在城市建设、规划的决策层，以及社会大众的普遍认识中，老工业遗存被贴上"污染""过时""陈旧"的标签，应当退出历史舞台，这使得工业遗存的地位被边缘化。随着经济转型和城市蔓延，昔日给国家带来荣耀的 156 项工程的价值意义逐渐被淡忘，很多项目面临拆迁改造，但目前除洛阳涧西、长春一汽等少数 156 项工程于 2018 年 1 月被选入第一批中国工业遗产保护名录外（表 3-2），大部分 156 项工程并未得到应有的保护与重视。地方政府在城市土地资源非常紧缺的状况下，为了短期的经济利益，花费较少时间和精力用于工业遗存的保护，这也可能会加剧工业遗存的损毁行为。工业文化价值认识不足、工业遗产保护意识匮乏、建筑物更新再利用观念滞后，导致东北老工业基地大量的工业场所消失，抹掉了城市曾经辉煌的工业印记。

被选入第一批中国工业遗产保护名录的156项工程[20]　　表3-2

156项工程	位置	保护功能	主要遗存
第一汽车制造厂	吉林省长春市	洛阳涧西工业历史街区	毛泽东手书"第一汽车制造厂奠基石"；苏式厂房、生活区；亲历人；技术档案
阜新煤矿	辽宁省阜新市	海州露天煤矿国家矿山公园	海州露天矿坑；苏联产电镐、潜孔钻机、推土犁等矿山开采设备、蒸汽机车等运输设备
鞍山钢铁公司	辽宁省鞍山市		昭和制铁所运输系统办公楼、迎宾馆、研究所、本社事务所等；井井寮旧址；"鞍钢宪法"等
华北无线电联合器材厂（718联合厂）	北京市朝阳区	798艺术区	包豪斯风格厂房；仓库；轨道、蒸汽机车；办公设备精密仪器、机器设备等；影像资料、亲历人
大同煤矿	山西省大同市	晋华宫矿国家矿山公园	煤峪口框双滚筒电机绞车；大斗沟矿石头窑；晋华公司遗址；"万人坑"遗址
第一拖拉机制造厂	河南省洛阳市		职工生活区；厂房、广场前中轴线和广场、厂房、主厂区
三门峡水利枢纽	河南省三门峡市		水坝、发电站
武汉长江大桥	湖北省武汉市		桥体、引桥

（2）工业场所环境急速消失。随着东北城市经济市场及社会制度的转变，工业企业开始转型并向城市郊区蔓延，城区内的老旧工业区逐渐被废弃。高速发展的城市建设浪潮忽略了城市的文化价值和整体记忆的延续，过分关注短期的经济利益，导致大多数废弃老工业区被"铲平重建"，这进一步加剧了那些具有保留价值，但还未确立文物身份地位的工业遗存，在城市化的浪潮中被不幸波及消失。许多老工业企业搬迁至城郊，建立了新的工业区，企业旧址被拆除，再难寻觅当初老工业的痕迹。如哈尔滨 156 项工程中的哈尔滨电表仪器厂和哈尔滨电碳厂已经搬迁并被开发改造，其中哈尔滨电表仪器厂 2006 年已被夷为平地，原有场地肌理消失殆尽，被开发为商业和居住项目；哈尔滨电碳厂 2016 年完成搬迁，大部分建筑被拆除，只保留了绿化和少数厂房。

（3）工业场所空间肌理混乱。在东北城市工业的原始用地中，决定场所空间肌理的根本因素是不同工艺之间的衔接。随着生产规模的不断扩大，厂区的占地面积逐渐增加，空间环境不断侵占相邻用地，并添加新的生产要素。场地的边界与形态也随之不断发生变化，场地边界的自由式蔓延导致不规则用地形式的生成。此外，为满足生产需求，厂区内建筑不断接建、扩建和增建，使得原本就秩序混乱的厂区环境更加杂乱。如在哈尔滨的香坊区，聚集了亚麻厂、轴承厂、量具刃具厂、三大动力（锅炉厂、电机厂、汽轮机厂）等诸多大型的工业企业，在实际调研踏勘中发现，这些工业企业的厂区边界十分不明晰，在分布上毫无界限，难以在地图及实测中明确边界，对于实力强的工业企业来说，其厂区空间不断地向外扩张侵占，而实力弱小的空间则逐渐被压缩，这就造成了各厂区间空间形态极不规则，许多厂区间互相穿插，关系纠结暧昧，厂区内新老建构筑物并存，视觉景观不统一，场所间的辨识性不强。

（4）工业场所特征趋于模糊。由于受到日俄帝国主义侵略的历史原因，东北城市建筑具有明显的异域风格。但是在城市化发展中，为了追求现代主义功能，城市的"工业特色"被抛弃，建筑的结构和立面被生硬地更改，工业建筑色彩单调，工业景观缺乏生气，工业建筑风格模糊，工业改造模式雷同且单一，工业场所缺少鲜明的特色。有些甚至在改造中直接变为了商业场所，工业场所特征不复存在。当工业场所失去该有的韵味与特征，城市就会失去特色，"千城一面"。

3.2 特色价值

（1）历史价值。工业遗存是一个地区或时代工业技术和产业等方面的记忆载体。东北老工业基地的建立和发展是我国工业化和城市化进程中辉煌的一页，它们见证了我国经济的崛起和经济发展的变迁，是我国曲折工业发展史的重要缩影，在东北的城市发展史上具有举足轻重的作用。对东北而言,城市中遗留的工业遗存,包括街巷肌理、建构筑物和工业精神等,是一个城市或区域工业发展史的真实记录,它们为研究工业化的发展进程和规律提供基础依据。东北老工业基地见证了东北不同历史阶段的工业文明、社会文明和城市发展的进程,其中 156 项工程是中国和苏联友好交往与东西方文化交流的典型范例,是中苏友谊的产物。东北"一五"时期遗留的物质遗存和非物质遗存,有力地证明了东北城市在中国历史上的重要地位,也为研究中国特定历史时期提供了良好的资料,具有很重要的历史价值。

（2）社会价值。工业遗存的社会价值是指其对社会、对人的影响意义。工业遗存的社会价值在于其记载着厂区人的生产和生活,见证了企业精神、厂区文化、产业意识等的凝聚和辐射作用所带来的社会影响,是社会认同感和归属感的基础。具体来说,社会价值的构成内容主要分为关系网络、职工生活、情感记忆、管理制度、文化精神及社会认同六大方面[21]。社会价值的体现除历史文献资料记载外,还有大量的口述史和文学作品内容做补充,这使得工业遗存的社会价值更加生动。东北老工业基地的工业格局是以 156 项工程为核心的"一五"及"二五"建设时期的工业遗存,社会发展围绕着"单位制"的演变而延伸展开。单位制度下的社会网络是"熟人"关系,单位职工对企业单位有着强烈的精神和经济依赖,对单位有强烈的归属感和认同感。振兴东北老工业基地,保护其中重要的工业遗产,使其得到社会和人们的普遍认可,既可以体现工业遗产的社会价值,也是对生产创造力和工业崇高精神的传承。

（3）科技价值。工业遗存具有体现科学进步的科技价值,具体体现在工厂的选址规划、建筑的设计施工、建筑材料的选择使用、生产工具的研发改进,工业产品的制作美化、工艺流程的设计优化、行业企业的驱动创新等方面,这些都留下了对应的工业遗存痕迹。这些痕迹可以使后人清晰地把握工业行业的历史发展脉络,并在此基础上创新传承新的工业科学技术。东北老工业基地是中华人民共和国成立初期我国大力建设的工业重地,集中投入了大量的人力、物力和财力,为国家和各个区域培养、输送了大量技术和管理人员。科技价值是工业遗产有别于其他类型文化遗产,工业化有别于其他时代的核心与关键。哈尔滨市拥有一批国宝级工业企业,在我国现代工业发展史上具有重要的地位,曾创造了一些工业技术领域的第一,具有技术价值。

（4）艺术价值。工业遗存有着独特的工业化风貌,如厂区规划、建筑设计遵循简洁、高效的工业大生产模式,空间结构独特,体量构成均衡,建造工艺和机器设计精密优美,具有独特的美学艺术价值。东北老工业基地的厂区和住区,从空间布局形式、整体的建筑风格和特征、绿化景观设计等融入了苏联功能主义规划和建筑设计风格,具有明显的时代特征和地域特色。具体来说,就是采用"社会主义的内容，民族的形式"，在苏联城市规划专家的指导下实施完成，吸收当时先进的工业区规划方法，兼顾考虑所处城市的格局和历史文化，在规划中强调平面构图、讲求轴线、对称、放射路、周边街坊街景等古典主义手法，形成了大体量大跨度的厂房建筑、兼具苏式和中式风格的住宅建筑等。这些设计方法和建筑物反映了人们的审美趣味，对现在工业区的规划建设起到一定的借鉴作用。

（5）文化价值。工业文化是城市历史文化的重要组成部分，是人类创造并需要长久保存和广泛交流的文明成果。东北地区是我国重要的工业发展起源地，它创造了无数奇迹，许多工业项目创造了历史上的"第一"，增强了民族的认同感和自豪感，凝聚和振奋了东北城市的精神。东北城市的许多工业街坊记录着当年社会主义建设壮阔的场面，反映着那个年代的时代风貌，是城市一笔宝贵的文化财富。东北老工业遗存本身就是东北城市的一种"文化符号"，而塑造、传承和发扬东北地区区域文化特色，就是要保护好东北地区重要的城市工业遗存。现如今随着快速的城市化，许多东北城市忽略甚至抛弃了这些珍贵的工业遗存，人为抹掉了城市发展中重要的文化记忆符号。因此，对东北老工业基地加以有效更新改造，可以更好地保护工业发展进程中的记忆客体，激发群体认同，既可以唤起民族自豪感，也使工业文脉得到传承。

（6）经济价值。其一，工厂往往具有交通区位优势，随着城市化扩张和"退二进三"，工厂由城郊偏僻地段逐渐变为中心优良地段，交通便利，地价上涨，经济价值非常可观。其二，工业建筑体量宏大、结构坚固、使用寿命长、功能适应性广，通过综合改造利用，可以物尽其用，既可避免原有资源浪费，节省拆除重建的双重投资，减少环境污染，又可直接转化为新的经济资源，可在腾退区引进替换服务业、中小企业、文创产业或研究教育性机构等功能。其三，工业厂区逐步位于城市中心地段，由于周边有较为完善的区域配套设施，厂区与住区改造投入的成本将大大减少，在更新改造中通常会引入积极的生态和节能技术，对厂区和住区街坊进行适度规模的开发建设，还可合理安排各种不同经济体量的产业类型，考虑不同收入人群的空间使用诉求，刺激老工业片区的经济再增长，重新焕发区域经济活力，探索可持续发展的更新道路。

3.3 区位解读

哈尔滨建设的 156 项工程为 10 厂 13 项，在东北城市中建设量居于首位，在国内排名第二，仅次于西安（17 项）。"一五"计划使哈尔滨的国民经济得到迅速发展，使其由生产消费型城市，转变为新兴的、以国防和机械工业为主的城市。这 10 厂 13 项工程的具体信息见表 3-3。这 10 厂在空间区位分布中呈现"大集中、小分散"的特点（图 3-4），各厂的布局方式相互分散又彼此联系，集中聚集在香坊工业区（西部后来独立为动力区，后又再次并入香坊区）与平房工业区，分布在早期城市中心的外围及城市的边缘[22]。但随着城市的建设发展，各厂所处地段逐渐成为中心地段，被割裂为孤岛状的"飞地"。

哈尔滨156项工程基本信息表　　　　　　　　表3-3

156项工程	地理位置	建设时间	备注
锅炉厂	香坊区三大动力路 309 号	1954.6~1957.7 一期 1958.6~1960.12 二期	新建含 2 项，即一、二期
汽轮机厂	香坊区三大动力路 345 号	1956.3~1958.9 一、二期	新建含 2 项，即一、二期
电机厂	香坊区三大动力路 99 号	1951.6~1956.10 一期 1956.9~1959.12 二期	改建仅二期是 156 项工程
轴承厂	香坊区红旗大街 27 号	1958.4~1960	改建
量具刃具厂	香坊区和平路 44 号	1952.4~1955	新建
电碳厂	原址：香坊区电碳路 18 号 现址：利民开发区电碳路北	1956.3~1958.6	新建
电表仪器厂	原址：南岗区学府路 1 号 现址：平房区开发区同江路	1954.4~1956.6	新建
东北轻合金厂	平房区新疆三道街 11 号	1954.4~1956.11 一期 1958.6~1965 二期	新建含 2 项，即一、二期
东安机械厂	平房区保国大街 51 号	1948.8~1956	改建
伟建机器厂	平房区友协大街建安四道街	1952~1957	改建

备注：机械工业——7 个企业（9 个项目），其中汽轮机厂和锅炉厂各 2 项，电机厂、量具刃具厂、轴承厂、电碳厂、电表仪器厂各 1 项；有色金属工业——1 个企业（2 个项目），即东北轻合金厂一、二期；航空工业——2 个企业（2 个项目），东安机械厂、伟建机器厂。

3.4　物质型记忆资源

哈尔滨156项工程的物质特性十分突出。前文总结城市记忆的物质型记忆要素包括：自然环境要素、空间形态要素、建构筑物要素和景观要素。调研中发现自然环境要素、景观要素与空间形态要素、建构筑物要素之间的关系密切，较难剥离，因此本书将哈尔滨 156 项工程的自然环境要素和景观要素的特征纳入空间形态要素和建构筑物要素中总结，不再单独赘述。哈尔滨 156 项工程记忆遗存的物质型构成主要分为空间形态要素和建构筑物要素两部分。空间形态要素反映了中华人民共和国成立初期城市建设的实践探索，展现了社会主义计划经济时代的城市叙事风格，而建构筑物要素是承载工业记忆的最直观体现，最能够直观体现建设所处的时代特色和历史风貌。根据谷歌卫星影像、历史图像资料和现场调研总结各项 156 项工程的物质型记忆资源，见表 3-4。

图 3-4　哈尔滨 156 项工程空间区位图

哈尔滨156项工程的物质型记忆资源　　　　　　　　　　表3-4

工程	占地面积 （万m²）	保护情况空间格局
锅炉厂	76	厂区使用中；仍保留一些建厂初期的厂房及附属建筑，建筑质量上乘，技术体系完善，具有很高的历史、科技和艺术价值 哈尔滨锅炉厂平面图 （来源：自绘，根据 2017 年 9 月谷歌卫星图绘制） 1. 哈尔滨锅炉厂鸟瞰图旧貌　2. 哈尔滨锅炉厂鸟瞰图（1952 年） 3. 哈尔滨锅炉厂办公楼（20 世纪 50 年代） 4. 哈尔滨锅炉厂办公楼（20 世纪 50 年代）　5. 哈尔滨锅炉厂鸟瞰图现貌 （来源：1~4 来源于俞滨洋《哈尔滨·印·象》，5 来源于百度图片）

工程	占地面积（万m²）	保护情况空间格局
汽轮机厂	约 100	厂区使用中；仍保留一些建厂初期的厂房及附属建筑；工厂有 12 条铁路专用线与香坊火车站接轨 1.哈尔滨汽轮机厂（20 世纪 50 年代）　2.哈尔滨汽轮机厂（20 世纪 50 年代） 3.哈尔滨汽轮机厂旧貌 4.哈尔滨汽轮机厂现貌 哈尔滨汽轮机厂平面图 （来源：自绘，根据 2017 年 9 月谷歌卫星图绘制）　（来源：1~3 来源于俞滨洋《哈尔滨·印·象》，4 来源于百度图片）
电机厂	72.5	厂区使用中；现有 3 座建厂初期厂房建筑：办公楼、冲剪分厂和大门 1.哈尔滨电机厂大门　2.哈尔滨电机厂 3.哈尔滨电机厂大门　4.电机厂办公楼　5.电机厂办公楼 6.哈尔滨电机厂鸟瞰旧貌　7.哈尔滨电机厂鸟瞰现貌 哈尔滨电机厂平面图 （来源：自绘，根据 2017 年 9 月谷歌卫星图绘制）　（来源：1、4~6 来源于《哈尔滨电机厂志第一卷 1951.6—1985.12》，2、3 来源于俞滨洋《哈尔滨·印·象》，7 来源于哈尔滨电机厂有限公司官网）
轴承厂	150	厂区使用中，正在搬迁；厂区保留了大量的老厂房，其中"天兴福"第二制粉厂旧址是不可移动文物，拟规划建设"中国轴承工业展览馆" 哈尔滨轴承厂平面图　（来源：自绘，根据 2017 年 9 月谷歌卫星图绘制） 4.哈尔滨轴承厂文化宫 5.天兴福制粉厂旧厂房 1.哈尔滨轴承厂（20 世纪 50 年代）　2.哈尔滨轴承厂大门　3.哈尔滨轴承厂办公楼 （来源：1~4 来源于《哈尔滨轴承厂史志：1950—1985》，5 来源于倩倩《哈尔滨市工业遗产的保护与利用研究》）

续表

工程	占地面积（万 m²）	保护情况空间格局
量具刃具厂	50	厂区使用中；仍保留一些建厂初期的厂房，主楼和围墙被列为不可移动文物 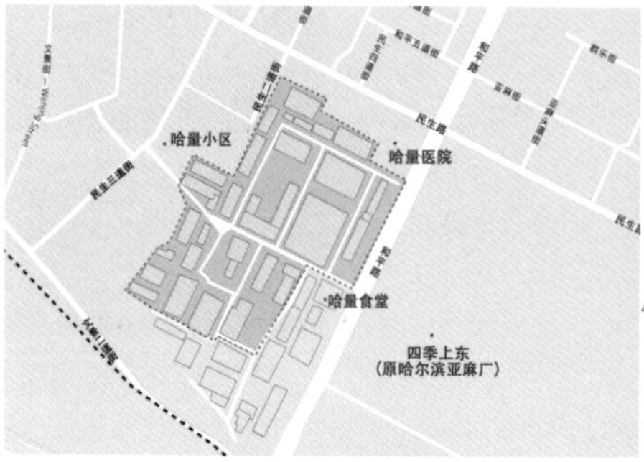 哈尔滨量具刃具厂平面图 （来源：自绘，根据 2017 年 9 月谷歌卫星图绘制）  1. 东吴丝织厂"哈量"织锦 2. 哈尔滨量具刃具厂围墙 3. 哈尔滨量具刃具厂主楼 4. 哈尔滨量具刃具厂街景旧貌（20 世纪 50 年代） 5. 哈尔滨量具刃具厂街景现貌 6. 哈尔滨量具刃具厂住宅楼（20 世纪 50 年代）7. 哈尔滨量具刃具厂住宅楼（20 世纪 80 年代） （来源：1~3 来源于百度图片，4~7 来源于俞滨洋《哈尔滨·印·象》）
电碳厂	—	完成搬迁，原址几乎被拆除，废弃中；原址土地有部分污染，多处住宅区被列为棚户区；原址将建设居住小区，并利用原址良好绿化、特色厂房规划近代遗址公园  哈尔滨电碳厂旧址：场地肌理演变图（2004 年—2012 年—2015 年—2016 年—2017 年）  哈尔滨电碳厂新址：场地肌理演变图（2010 年—2011 年—2017 年）  1. 电碳厂原址宿舍区 2. 电碳厂原址宿舍区  3. 电碳厂旧址样貌 4. 20 世纪 50 年代的电碳厂 5. 电碳厂新址样貌 6. 电碳厂新址样貌 （来源：1~3 来源于网络 http://blog.sina.cn/dpool/blog/s/blog_c0a5d58901019cc3.html?ref=weibocard，4 来源于百度图片，5、6 来源于哈尔滨电碳厂官网）
电表仪器厂	—	完成搬迁，原址全部拆除；场地原有肌理消失，已建凯德购物广场和福顺尚都居住小区 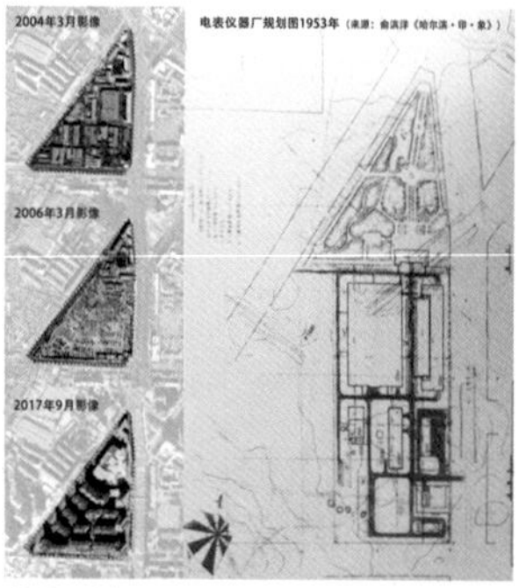 哈尔滨电表仪器厂旧址场地肌理（来源：谷歌历史影像） 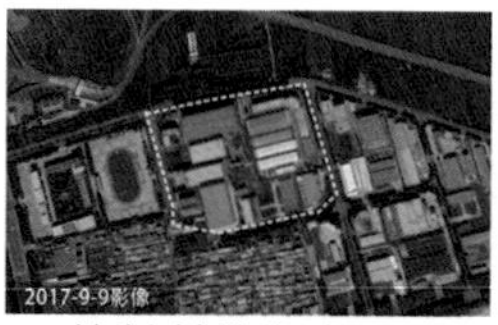 2. 搬迁到新址平房区的哈尔滨电表仪器厂 电表仪器厂规划图 1953 年（来源：俞滨洋《哈尔滨·印·象》） 2017-9-9影像 哈尔滨电表仪器厂新址场地肌理（来源：谷歌卫星 2017 年影像）  1. 哈尔滨电表仪器厂（20 世纪 50 年代）  来源：1 来源于俞滨洋《哈尔滨·印·象》，2 来源于哈尔滨电表仪器厂（集团）有限公司官网

工程	占地面积 （万 m²）	保护情况空间格局
东北轻合金厂	140	厂区使用中；仍保留一些建厂初期的厂房及附属建筑，毗邻侵华日军 731 部队遗址；东轻厂东楼和西楼被列为市级保护建筑 东北轻合金厂平面图 （来源：自绘，根据 2017 年 9 月谷歌卫星图绘制） 1. 东北轻合金厂大门　2. 东北轻合金厂东楼（20 世纪 50 年代） 3. 东北轻合金厂东楼一角　4. 东北轻合金厂东楼全貌 5. 东北轻合金厂东楼现貌 （来源：1~2 来源于俞滨洋《哈尔滨·印·象》，3~5 来源于百度图片）
东安机械厂	207	厂区使用中；厂址在东北沦陷时期的侵华日军 8372 空军部队飞机修理厂上建立；东安家属区是历史文化街区 东安机械厂平面图（来源：自绘，根据 2017 年 9 月谷歌卫星图绘制） 1. 东安机械厂鸟瞰（20 世纪 50 年代）2. 东安机械厂鸟瞰（21 世纪 10 年代） 3. 东安机械厂大门　4. 东安机械厂厂区 5. 东安家属区（20 世纪 50 年代） （来源：1、5 来源于《哈尔滨·印·象》，2~4 来源于哈尔滨东安发动机有限公司官网）
伟建机器厂	356	厂区使用中；厂区办公大楼、食堂、医院、俱乐部被称为"四大建筑"，仍保留一些建厂初期的厂房及附属建筑；哈飞家属区是历史文化街区 伟建机器厂平面图（来源：自绘，根据 2017 年 9 月谷歌卫星图绘制） 1. 伟建机器厂住宅区（20 世纪 50 年代）2. 伟建机器厂办公楼（20 世纪 50 年代） 3. 哈飞大门　4. 哈飞厂区机场鸟瞰图 5. 伟建机器厂俱乐部　6. 哈飞厂区全貌鸟瞰图 （来源：1~3、5 来源于《哈尔滨·印·象》，4、6 来源于哈尔滨飞机工业集团有限责任公司官网）

目前，哈尔滨156项工程缺乏系统性的普查，除电碳厂和电表仪器厂搬迁外，其余厂区仍以"活态化"的方式继续运行。但由于部分建筑年久失修成为"危房"，或者厂区本身需要升级、改扩建，使得部分老建筑遭到拆除或进行不可逆的"维修"，对厂区的物质记忆信息造成了严重破坏。截至2017年，哈尔滨156项工程中，仅轴承厂的"天兴福"第二制粉厂、量具刃具厂主楼和围墙、东北轻合金厂东楼和西楼、东安家属区和哈飞家属区被列入规划保护范围（表3-5）。

已列入保护名单的哈尔滨156项工程 　　　　　表3-5

156项工程	保护对象	保护定位	描述	照片
轴承厂	"天兴福"第二制粉厂火磨楼	市第四批Ⅲ类保护建筑	始建于1920年，红砖建筑，木质顶棚、地板和门窗一直保持原貌，现被规划为中国轴承工业博物馆	
量具刃具厂	主楼	市第三批Ⅱ类保护建筑	建于1953—1954年，砖混结构，苏联社会主义民族建筑风格，外观中部凸出，两侧一高一低	
	围墙	市第三批Ⅱ类保护建筑	建于1953—1954年间，砖结构，折衷主义建筑风格	
东北轻合金厂	东办公楼	市第三批Ⅱ类保护建筑	建于1954年，砖混结构，折衷主义建筑风格，屋面两坡顶，塔楼顶部双层空廊，主体为清水红砖，白色装饰线脚	
	西办公楼	市第三批Ⅱ类保护建筑	建于1954年，砖混结构，折衷主义建筑风格，主体为清水红砖，白色装饰线脚	

156项工程	保护对象	保护定位	描述	照片
东安机械厂	东安家属区	市级历史文化街区	东安工人新村风貌保存较好，建筑为米黄色，2~3层苏式建筑	
伟建机器厂	哈飞家属区	市级历史文化街区	伟建工人新村保存较好，建筑为砖红色或暖黄色，3层苏式建筑	

3.4.1 城市形态要素

（1）空间肌理："苏联模式"，高度的计划性与体系性。哈尔滨 156 项工程采用"苏联模式"，联合选厂，强调聚集性特征，统一布置具有协同作用的工厂，最大化利用资源降低生产成本。这些工业区一般包含生产厂房、办公科研等辅助用房，并配套各自的生活服务区，将每一个工厂打造成功能完善的微型小社会——"企业办社会"，形成封闭、自成体系的"聚落"。基本每一个工厂都配备有独立的单位医院、运动场、文化宫及子弟小学校（图 3-5）。哈尔滨 156 项工程中的"三大动力"（电机厂、锅炉厂、汽轮机厂）和"平房航空城"（东北轻合金厂、东安机械厂、伟建机器厂），由

图 3-5 工厂配套设施

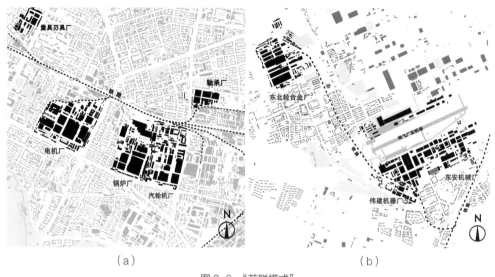

（a）　　　　　　　　　　　　　　　　（b）

图3-6 "苏联模式"

（a）三大动力区空间肌理；（b）平房航空城空间肌理

于产品之间的相关性较高，空间分布体现了"苏联模式"聚集性的特点，各厂规模宏大，既各自成方，又彼此联系，在生产中工厂间互帮互助的优势十分明显（图3-6）。

（2）空间布局："南宅北厂"，整体的联系性与隔离性。哈尔滨156项工程大多采用"南宅北厂"的布局[23]：自北向南按照工业区、绿化隔离带、生活服务区的排列方式布置，一般设置厂前广场，在厂北设铁路专线编组站（图3-7），厂区与住区彼此间既有联系，又通过道路、绿化彼此分隔，自成组团。位于香坊区的电机厂、锅炉厂和汽轮机厂集中分布，形成了三大动力区，路南侧为职工住宅集中区，北侧为厂区集中区的布局形式（图3-8）。空间布局特征体现在厂区院落、住区街坊和路网格局三部分。

1）厂区院落：封闭性，清晰性。哈尔滨156项工程厂区院落特征明显，与周边城市空间肌理区别明显，界限清晰（图3-9）。厂区承担生产、办公及科研等功能，呈现主入口处布置办公建筑，其后布置生产建筑的"前朝（办公）后产（生产）"模式，厂区采用封闭式管理，占地面积较大，空间轴线及生产流线清晰。梳理哈尔滨的156项工程厂区空间构成，都包含主要的生产空间，及办公、管理、科研等辅助空间。本书在研究几大厂区厂房建筑的平面组合之后，总结了如图3-10所示的几种组合形式。

2）住区街坊：附属性，围合性。哈尔滨156项工程的单位住区均为附属型，常被称为企业家属区、单位社区或单位大院，生活区与厂区之间的组合形式可概括为三类：包含型、相邻型和离散型（图3-11），包含型住区为紧凑型布局，哈尔滨156项工程的配套住区尚无此种类型；相邻型住区紧邻工厂，形成以生产为功能核心的生产生活

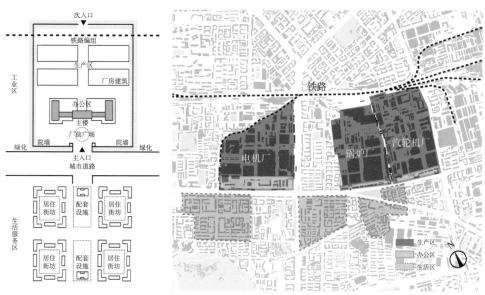

图 3-7　南宅北厂空间布局　　　　　　　　图 3-8　三大动力区空间布局

图 3-9　锅炉厂（左）和电机厂（右）鸟瞰图

图 3-10　主要生产空间与辅助空间组合形式 [24]

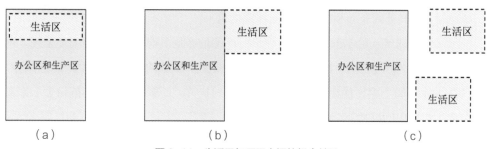

图 3-11　生活区与厂区之间的组合关系
（a）包含型；（b）相邻型；（c）离散型

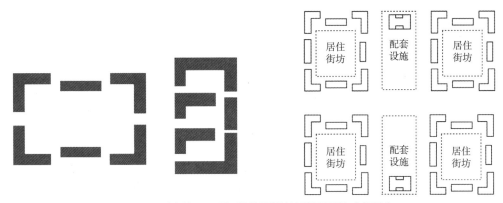

图 3-12　哈尔滨 156 项工程住区街坊的常见肌理和空间组合

系统，如哈尔滨锅炉厂、量具刃具厂；离散型住区受到场地和选址限制，生活与生产相对分离，但在步行可达范围内，如东北轻合金厂、东安机械厂等。住区街坊多呈现苏式街坊围合院落的特点。围合式的职工住宅及商服网点、文化教育、体育卫生等配套设施按一定的轴线关系组合为居住街坊（图 3-12），呈现自给自足的"大院生活"。基于业缘关系形成的"企业办社会"拥有部分自治性，但随着经济结构的转型，社区认同感衰弱。

（3）路网格局：分隔性，含义性。道路网络纵横交错，与绿化一起构成"南宅北厂"格局的分界线。香坊工业区和平房工业区许多道路的形成与命名与 156 项工程有关，如三大动力路、电碳路、轴承街、锅炉街等，这些道路与工厂紧密相连，并在线性时间上发展延续，成了工厂工业记忆的载体。

3.4.2　建构筑物要素

中华人民共和国成立初期，苏联占主导地位的设计手法是"社会主义内容，民族形式"，在苏联援建的 156 项工程中，我国的建筑设计师从中汲取精华，将中国传统建筑的设计手法融入苏式建筑风格中。这种设计手法具体表现在大体量大跨度的工业厂房建筑、兼具苏式布局和中式风格的住宅建筑。

（1）厂区建筑。哈尔滨 156 项工程工厂内部的布局具有相似性，即大多采用"前朝（办公）后产（生产）"模式，最大限度地保证生产区的完整性和生产的连续性。工厂在平面布局上主要使用的是"一、H、T、Π、Ⅲ"等形式，空间布局大多以对称居多、突出中间塔楼。

1）生产厂房。生产厂房是工业生产中数量最多、占地面积最大的一类建筑。厂房建筑多为大跨度建筑，呈联排式布置，排列整齐，结构大多为钢结构和钢筋混凝土

图 3-13 生产厂房

图 3-14 办公科研建筑

结构，立面简单富有韵律感，建筑外立面大多采取均质的开窗，体现统一的美感，屋顶形式多为双坡坡屋顶和拱形屋顶，内部空间为均质的柱网排布，内部具有强烈的空间秩序感（图 3-13）。厂房具有建筑工程美学价值，体现在结构的秩序美、材料的色彩美和质感美上。

2）办公科研建筑。办公科研等建筑的体量较小，风格统一，为中轴对称，面阔较大，大多为多层砖混结构，建筑装饰精致（图 3-14）。如哈尔滨量具刃具厂的主楼，其平面呈直线分布，两侧为矩形平面，窗扇呈纵向紧密排布，中间为凸出的塔楼，开有半圆形的窗扇，底部设有门廊入口，整座建筑中西风格交融。电机厂的主楼为三段式立面，局部用连廊连接，形成拱门，坐落于入口处，屋顶为简化的歇山式，造型优美富有韵律感，这种形式的建筑在 156 项工程中普遍能见到。还有些建筑在苏式风格的基础上增加了现代元素，如钢筋、水泥等。如电机厂的办公楼添加了现代建筑元素，立面简洁大气、屋顶简约，整体风格典雅庄重。

3）厂门与围墙。大门和围墙是工厂的门面，是工厂城市形象的代表。厂门的顶部基本保留有红旗、齿轮等具象征意义的雕刻装饰，有些工厂的厂门刻有浮雕及领导人题词，代表着那个年代的文化符号和生产热情，极具社会价值（图 3-15、图 3-16）。围墙是单位大院用来实现其封闭性和围合性的重要构筑物（图 3-17），围墙一方面用来阻挡外界的视线、阻止穿越，另一方面为了隔绝工厂生产所带来的污染与噪声，其高度往往高于人体高度，断绝了工厂与周边空间的互动，也造成了工业景观与周边景观的差异性，有些围墙绘有图画来展示工厂的历史风貌。

图 3-15　厂区大门[25]

图 3-16　厂区大门浮雕及题词

图 3-17　厂区围墙

图 3-18　厂区构筑物

　　总之，厂区的建筑物具有社会主义计划经济时期宏大叙事的风格，既体现了苏联建筑美学特征，又融进了中国传统建筑元素，具有独特的艺术价值。

　　4）厂区构筑物。厂区中都配有铁道运输线，气体、液体、固体输送管道和冷却塔、水塔、烟囱、雕塑等构筑物，这些构筑物能直观展示时代记忆和工业风貌，是工业景观的基本元素，具有很强的标识性和历史氛围感（图 3-18），这些构筑物可在更新改造中成为工业文化的景观性小品。

图 3-19　厂区配套居住

　　5）生产设备。生产设备主要包括建厂初期及后续生产过程中发挥巨大作用的设备、流水线和代表性产品，这些设备的独特性和稀缺性，代表了当时生产技艺的先进性，具有重要的科学技术价值。

　　（2）住区建筑。住宅设计受苏联经济型思维的影响，进深较大、开间较小、考虑到东北寒地气候的因素，窗户开设较小，墙体较厚。在生活区中，与工厂配套的居住建筑多为砖混结构，平房多为砖木结构，建筑材料多为红砖，部分建筑的外墙被刷为暖黄色，以 3~5 层为主，多为坡屋顶。建筑层次较为丰富，一般都有挑出的露天阳台，门、窗、洞口顶部采用拱形砖券，檐口层层出挑，有些外立面有浮雕式的标识（图 3-19）。这些居住建筑在建设初期由苏联的专家学者帮忙设计，因此使用的是苏联的建筑设计标准和规范，建筑风格进行了中国特色与苏式特色的结合，具体体现在建筑的形式、色彩及细节装饰等方面，体现了"民族的形式，社会主义的内容"号召下的建筑创作探索，如建筑出现的中式窗格、中式细部花纹等元素，是东北地区苏式工人住宅在中华人民共和国成立初期的一种实践探索，具有标本式的意义。

3.5　非物质型记忆资源

　　城市不仅是物质的聚合体，还是文化的聚合体。哈尔滨 156 项工程的非物质记忆主要表现为：工业发展历程悠久而曲折，156 项工程是我国工业发展的摇篮，在这里诞生了中国工业史上的诸多"第一"，使我国逐步从贫穷落后的农业大国走向独立开放的工业大国，许多工厂至今仍是行业翘楚，继续为"中国制造""中国智造"贡献力量。工业发展精神崇高而深厚。企业文化、劳模精神、民族精神是哈尔滨这座工业城市快速发展的动力，体现了城市最鲜活的工业文明魅力。通过多渠道收集资料，整理哈尔滨 156 项工程的非物质型记忆资源，主要包括名称符号要素、文献资料要素、特色技能要素和历史人物与事件要素（表 3-6、表 3-7）。

（1）名称符号要素。历史名称、符号作为一种非物质记忆要素，也具有独特的记忆价值，蕴含了历史典故、地域特色等类型的记忆信息，具有延续和保护价值。哈尔滨 156 项工程的名称符号蕴含着丰富的历史信息，它体现了这些工程在中国工业史上的辉煌地位，承载着哈尔滨地域的工业文脉。至今为止，工厂附近的道路名称和公交站点命名基本都与这些 156 项工程有关，这些名称的保留在一定程度上反映出官方和民间对工业记忆延续的保护。根据调查，哈尔滨市许多企业改制后都更换了企业名称，

哈尔滨156项工程的非物质记忆资源——名称符号和文献资料要素　　　表3-6

156项工程	名称符号要素			文献资料要素		
	别名	传承与存续		厂志	官网	相关出版物
锅炉厂	共和国装备工业"长子"	三大动力	中国最大电站锅炉制造企业	√	√	《"一五"时期哈尔滨国家重点工程项目的建设与发展》《哈尔滨·印·象》
汽轮机厂	"国家的宝贝，掌上明珠"		中国汽轮机的最大设计制造基地	√	√	
电机厂	前身为沈阳搬迁至哈尔滨的电工五厂，共和国装备工业"长子"		中国最大的电站电机生产企业	√	√	《电机工人》报（1956年创刊）
轴承厂	前身为辽宁瓦房店轴承厂，东北机械第十四厂	与佳木斯造纸厂并称"行业五魁首"	轴承工业第二发源地，中国轴承工业三大基地之一，军工轴承生产基地	√	√	
量具刃具厂	共和国工具制造业的骄子		中国生产工量具行业排头兵	√	√	
电碳厂	哈尔滨电刷厂		国家重大军事装备石墨产品科研和生产基地	—	√	
电表仪器厂	曾号称"亚洲第一大表厂"		中国电度表、电工仪表的发祥地和行业标准制订者		√	
东北轻合金厂	新风加工厂，哈尔滨101厂，"祖国的银色支柱""中国铝镁加工业的摇篮"	平房航空城	中国铝镁加工业的"摇篮"，铝加工五大基地之一	—	√	
东安机械厂	黑龙江120厂		中国航空支柱企业之一	—	√	
伟建机器厂	黑龙江122厂（中国航空工业"第一批六大主机厂"之一），哈飞		飞机制造的"鼻祖"，国家重要航空骨干企业	√	√	

备注：√表示可查阅到；—表示不详，尚未查阅到资料。

哈尔滨156项工程的非物质记忆资源——特色技能和历史人物与事件要素　　表3-7

156项工程	特色技能要素		历史人物与事件要素	
	工艺产品	精神文化	人物	事件
锅炉厂	电站、辅机、石化、核电、军工产品	哈锅精神	视察：朱德、邓小平、李富春、周恩来、金日成（朝鲜）、江泽民等	首创 35 个中国"第一"国产锅炉；铸就 70% 以上国产第一台发电设备锅炉，占有 1/3 国内锅炉市场，装备全国 400 多个电厂；支援东方锅炉厂（三线建设）
汽轮机厂	火电、核电、船用等汽轮机	哈汽精神	视察：彭德怀、华国锋、刘少奇、华罗庚、陈毅等	设计制造了我国多个"第一台"汽轮机；1985 年出口巴基斯坦，开创汽轮机组商业出口之先河
电机厂	水轮、汽轮发电机，核电和电站控制设备，新能源产品	哈电精神	邓小平题字"电机工人"；吴邦国题词"中国核电从这里起步"；视察：刘少奇、朱德、董必武、周恩来、邓小平、江泽民等	工厂在东北沦陷时期的赛马场动工建设；自主开发我国多个"第一台"发电机组；参与的重点项目有官厅水电站、刘家峡水电站、葛洲坝、三峡、宝钢、鞍钢、首钢等
轴承厂	精密电机机床轴承，航空发动机轴承，高精度仪表轴承	—	劳模：宋世发、金德源、马洪亮等；视察：朱德、刘少奇、邓小平、胡耀邦、江泽民等	创造了历史上大量"第一"；设立五常分厂（小三线建设），联营厂有牡丹、佳木斯、青岗、铁力轴承厂；创立拥有自主知识产权的 HRB 品牌；为"神舟"飞船、长征运载火箭、"嫦娥"卫星等做出贡献
量具刃具厂	标准刃具、通用量具、数控刀具、精密量仪、数控机床	—	重要贡献：吉佩琛、李立人等；视察：胡锦涛、温家宝、贾庆林、李长春等	以哈量为母体，先后支援分迁 5 个工厂（成都量具刃具厂、中原量仪厂、关中工具厂、桂林量具刃具厂和青海量具刃具厂）；为我国第一颗原子弹升空、葛洲坝做贡献；创立"连环"（LINKS）品牌
电碳厂	机械用碳，高纯石墨，特种石墨，航空石墨	—	视察：薄一波等	援建东新电碳厂（三线建设）；为"红旗""东风""巨浪""霹雳"系列导弹、我国载人航天逃逸系统火箭、主力战机、核潜艇和核反应堆配套产品
电表仪器厂	电工仪表、电流电压互感器、电度表、电子测量仪表	哈表精神	视察：胡耀邦、邓小平、李富春等	支援兰州长新电表厂、银川电表仪器厂（三线建设）；创造我国多个"第一台"；为我国第一台解放汽车、红旗轿车、第一颗人造卫星配备仪表系统；研制熊猫牌、孔雀牌照相机；创立"哈仪"品牌
东北轻合金厂	铝、镁及其合金，粉材、锻件等	东轻精神	特殊贡献者：许炳秋等；视察：朱德、邓小平、董必武等	参与国产第一架飞机，第一个原子能反应堆、第一枚导弹、原子弹、氢弹、人造卫星、每一艘核潜艇；参与"神舟"系列飞船和"嫦娥一号"；创立"天鹅"品牌
东安机械厂	轻型航空动力、航空机械传动系统，航空机电产品等	—	李鹏题词"自力更生 艰苦奋斗"；江泽民题词"军民结合 科技兴业"；刘华清题词"振兴航空 巩固国防"；视察：周恩来、刘少奇、朱德、邓小平等	八个"中国第一"产品；1965～1975 年按照"不做军火商，军援不要钱"精神，向亚、非、欧 8 个发展中国家援助机器
伟建机器厂	多用途系列飞机，民用直升机，武装直升机，动力三角翼飞行器等	哈飞精神 哈飞之歌	视察：陈云、周恩来、贺龙、叶剑英、李富春、邓小平、朱德、董必武、刘少奇等	先后承接教练机、轰炸机修理任务，有力支援抗美援朝和空军训练；创造历史上大量"第一"；1986 年向斯里兰卡出口，首开国际市场；北京奥运会开幕式上 29 枚烟火"脚印"

备注：—表示不详，尚未查阅到资料。

但大多数居民提起来这些企业还是以"三大动力"、亚麻厂、车辆厂等旧名号称呼。

（2）文献资料要素。目前关于哈尔滨 156 项工程的文献资料较少，基本为官方整理，较详细记载哈尔滨 13 项 156 项工程的只有各厂的官网和中共哈尔滨市委党史研究室编著的《"一五时期"哈尔滨国家重点工程项目的建设和发展》等资料，13 项工程的厂志目前参差不齐，大部分厂志缺失。

（3）特色技能要素。156 项工程的特色技能要素主要为物质形态的工业品及珍贵的工业知识、制造技艺和工业精神。哈尔滨 156 项工程诞生了许多"第一"工业品，为中国制造贡献力量。这些工程为哈尔滨引入了大量的科技人才，也促使哈尔滨随之建立起一套相匹配的科研机构和高等院校专业。全国各地大量的技术工人和知识分子，也包括一些重要领导人、科学家都被调配参与到哈尔滨 156 项工程的建设中，哈尔滨 156 项工程的建设，储备了丰富的工业知识技能和技术工人、专家，这些重要的人力和物力资源在随后的三线援助建设中发挥了重要作用。这些知识技能及工人阶级的优秀精神品质值得传承和发扬。哈尔滨 156 项工程受到苏联的影响，在一定程度上体现了社会主义的建设思想，体现了特殊历史时期的建筑风格和工业文化。

（4）历史人物与事件要素。历史人物与事件本身就是城市文脉和城市文化不可或缺的一部分，历史人物和事件赋予了工厂生活化的气息。重要人物来厂视察、工厂劳模和厂区发生的重大事件是工厂记忆的闪光点，它们在一定程度上反映出当时的社会发展情况，这些人物和事件具有重要的记忆价值，可将其打造为工厂自身的文化品牌，来发扬工业精神和传承工业记忆。对于哈尔滨来说，苏联援建、156 项工程、南厂北迁等历史事件对于哈尔滨市的工业发展具有重要的记忆价值，"工业乡愁"作为哈尔滨冰城的一道特色集体记忆应得到延续。

第4章　哈尔滨156项工程的城市记忆分析

4.1 "自上而下"的城市记忆分析

东北老工业基地的发展长期较为明显地受到政治因素的影响,其记忆情况呈现"自上而下"的特征。老工业基地的转型与振兴,大都是官方项目,具有政治色彩,从"自上而下"的角度出发研究哈尔滨156项工程,将有助于完整地梳理哈尔滨156项工程目前的记忆留存度、了解其规划定位和发展蓝图,同时为"自上而下"地保护城市工业记忆提供一定的科学依据。

4.1.1 历史图片中的记忆分析

为了便于了解哈尔滨156项工程的工业发展,挖掘、继承哈尔滨城市特有的工业文脉,本书以早期的哈尔滨规划图为衬底,以相关历史照片为镜子,从宏观、中观和微观的视角解读哈尔滨工业发展的脉络和工业遗存风貌,反映官方记忆留存中的156项工程。这些历史图片主要包括哈尔滨在不同时期的城市总体规划图、分区规划图、专项规划图,及156项工程建设相关的历史照片资料。

1. 宏观的城市角度

在历史演变上,1949年后的四次总规奠定了哈尔滨如今的工业化城市格局。

（1）四次编制城市总体规划。①第一次编制。中华人民共和国成立后,哈尔滨成为国家工业化建设的重点城市,多利用抗战时期的废弃厂地或已征用地进行工业化建设。抗美援朝期间的"南厂北迁",从辽宁省分迁来的16个大中型工业企业奠定了哈尔滨工业城市的基础。1953年,随着国家制定"一五"计划（1953—1957年）,哈尔滨也编制了第一版城市总体规划（图4-1、图4-2）。此次规划包含着许多哈尔滨的工业记忆内容,如其城市性质标明了工业的属性,工业土地利用形成了平房和动力两个工业区，安排了"一五"时期国家基础工业 13 项工程和其他重点工业企业，动力区安排了 156 项工程的 8 个项目，平房工业区安排了其中 4 个，另 1 个则安排在了南岗区，同时预留了三棵树化工区和哈西机械工业区。此次规划城市建设基本按照规划进行，重点突出生产与生活。②第二次编制。"一五"和"二五"计划使哈尔滨的地方工业得到了迅速发展，"三五"的"文化大革命"使哈尔滨的城市建设陷于停顿和混乱状态。为了扭转这段特殊时期造成的影响，1978 年第二次编制了城市总体规划。此轮规划哈尔滨的城市性质仍有工业属性（"机电工业为主的工业城市"），此时的城市规划开始完成城市建设细化工作，如分区规划、专项规划等（图 4-3、图 4-4）。③第三次编制。1994 年哈尔滨成为我国第三批国家历史文化名城，国务院要求新一轮总规要将历史文化名城规划纳入其中，根据此要求修编完成了哈尔滨的第三版城市总体规划（图 4-5），这一版的规划忽视掉了哈尔滨的城市工业属性，城市性质丝毫未提"工业"二字。此轮规划的重点是制定历史文化名城专项规划，同时要求进行产业结构和功能调整。④第四次编制。2011 年第四次修编的哈尔滨城市总体规划（图 4-6），确立的城市性质又重提工业属性（"国家重要的制造业基地"），规划首次提出"一江居中，两岸繁荣"，"北跃、南拓、中兴"的发展战略。其中"南拓"战略提出要依托现有工业基础，打造工业特色鲜明、新兴产业聚集、城市功能完备、区域协调发展的现代生态工业新城。

（2）总结：格局型记忆要素——工业布局。哈尔滨从城市奠基之日起，就整体引入了同期西方先进的规划思想和手法，严格按照城市规划实施建设。梳理四次总体规划对 156 项工程的记忆要点（表 4-1），有如下特征：①工业布局。哈尔滨是以"156 项工程"为中心的工业布局。第一版城市总体规划重点建设 156 项工程项目，其建设为后来的城市空间发展奠定了基本轮廓，一定程度上说，哈尔滨 156 项工程因城市发展而形成，以城市形式而存在。哈尔滨现代化城市格局的形成是国家工业化的产物，是在"自上而下"的国家计划推动下发展形成的。②影响工业布局的因素：第一，就近资源，合理利用原有工业基础，优先发展重工业，充分借鉴苏联优先发展重工业快速实现工业化的经验；第二，区位优势，哈尔滨在城市开始工业化建设前就已是东北区域最重要的交通枢纽，已形成铁路枢纽的地位，156 项大多布置在铁路沿线，而且哈尔滨距离苏联较近，便于接受苏联的保护援助和生产资料的运输；第三，城市的历史基础使得哈尔滨在中华人民共和国成立后能快速发展，近代的哈尔滨是东北乃至东北亚重要的物资集散中心，哈尔滨从一开始就是按照西方城市规划建设，具有一定的现代城市特征，中华人民共和国成立后出于国防建设与军事安全的需求，哈尔滨的工业化是在国家的计划管控下进行的，工业建设与城市建设有着密不可分的关系，前者决定着后者的发展命运。

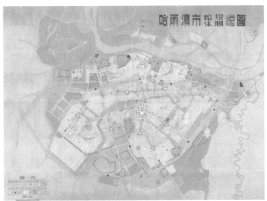

图 4-1　第一次编制城市总体规划[25]

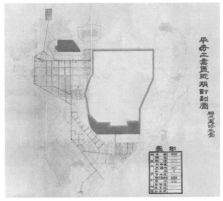

图 4-2　平房工业区近期规划 1955 年[25]

图 4-3　第二次编制城市总体规划[25]

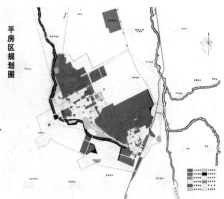

图 4-4　平房区规划图 1982 年[25]

图 4-5　第三次编制城市总体规划

图 4-6　第四次编制城市总体规划

总体规划中官方对156项工程的记忆要点 表4-1

城市总体规划	期限	官方对156项工程的记忆要点
第一次编制	1953—1977 年	抗美援朝"南厂北迁",城市性质"以机械工业为主的社会主义新兴工业城市",平房和动力工业区,13 项重点工程,初步形成城市轮廓
第二次编制	1981—2000 年	城市性质"机电工业为主的工业城市",重点分区规划
第三次编制	1996—2010 年	城市性质定位中忽略了工业属性,确立历史文化名城专项规划但未将工业文化纳入其中,进行产业结构和功能调整
第四次编制	2011—2020 年	城市性质"国家重要的制造业基地""南拓"战略

2. 中观的区域角度

中观层面主要是从空间结构、专项规划等入手,总结记忆要素。

(1) 结构型记忆要素——空间结构。结构型记忆要素着眼于城市工业空间结构的特点,把握城市的骨架及其历史意义。①空间演变:哈尔滨工业空间格局的演变经历了两个阶段(图 4-7),一是工业成长阶段,工业区与母城之间功能组团相对独立,分离式发展;二是工业衰落阶段,政府部门开始鼓励工业企业的生产结构调整,工城融合,多中心式发展(表 4-2)。②空间结构:在最新版城市主城区空间结构中(图 4-8),按照"退二进三""退二进绿",推动国企改革的要求,空间结构为"北跃、南拓、中兴"。"中兴"主要是主城区完善提升,156 项工程所在的三大动力区是重点改造区域;"北跃""南拓"是疏解城区老工业、推动城市内部改造与外围园区建设同步的重要举措,156 项工程所在的平房区是"南拓"战略中哈南工业新区的重要组成部分。③总结:156 项工程所处的动力区和平房区是哈尔滨工业化进程中重要的城市功能区域,是城市更新的关键地段,它的发展变化将直接影响到整个城市的功能结构和空间演化。

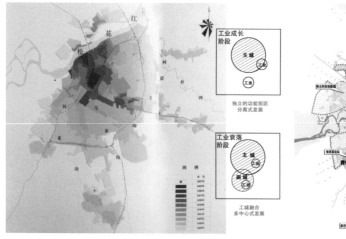

图 4-7 哈尔滨城市空间演变(1897—2000 年)

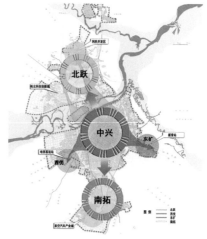

图 4-8 哈尔滨城市空间结构

哈尔滨工业空间格局演变 表4-2

演变阶段	空间特征	156项工程的演变
成长阶段 1949—1957年	中心城区与工业组团相对独立，工业选址多在城郊	动力工业区围绕着机电等重工产业，平房工业区围绕着航空机械等产业建成了规模庞大、功能独立又彼此紧密联系的工业组团，工业是城市增长主要动力
衰落阶段 1960年代—2000年	城市扩张将工业区纳入城市内部，工业区占据区位优越地段，土地增值。"退二进三"促使土地利用、产业布局和城市空间结构变化	经济机构调整使传统工业没落，工业企业向城郊转移，156项工程中电表仪器厂、电碳厂已搬迁；动力工业区是"中兴"重点改造提升区域，平房工业区是"南拓"重点优化升级区域

（2）街区型记忆要素——历史街区。历史街区是城市记忆的重要空间载体，不同街区因其历史记忆而具有不同的识别要素。哈尔滨共22处历史街区，根据第四次编制的《哈尔滨市城市总体规划》主城区历史文化名城保护街区紫线规划图及《哈尔滨历史文化名城保护规划》（图4-9、图4-10），只有位于平房区的东安家属区和哈飞家属区被列为历史文化街区，其他遗存并未受到应有的重视。工厂家属区承载着我国社会主义生活的记忆，是工业生活变迁的见证。保留哈尔滨156项工程工业文化的记忆符号，就要逐步将具有价值的厂区和住区建筑纳入城市规划紫线保护范围，划定历史保护街区。

3. 微观的工厂角度

纪念型记忆要素——历史建筑。微观角度是从工厂企业的角度来挖掘记忆，历史建筑具有很强的标识性和纪念性，是记忆显性的表现。哈尔滨156项工程遗留了大量的历史建筑和构筑物遗存，其中标识性最强的是：办公大楼、厂门、住宅楼等，这可从官方保留下来的老照片中窥见一斑（图4-11）。这些具有重要记忆的标志物在相应的区段具有突出的地位。

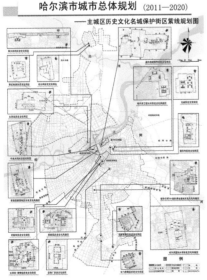

图4-9 《哈尔滨市城市总体规划》主城区历史文化名城保护街区紫线规划图

图4-10 《哈尔滨历史文化名城保护规划》

图4-11 老照片中常见的记忆要素 [25]

4.1.2 政府语境中的记忆分析

1.研究思路和技术方法

语义分析法是对文本内容进行的客观、系统、定量描述的研究方法，实质是对文本内容所含信息及其变化进行定量分析，从而做出事实判断和推论。本书借助内容挖掘软件 ROST Content Mining 6.0（后文简称"ROST CM6.0"），通过词频统计、语义网络分析来研究政府文本对哈尔滨老工业基地关注点的演变特征，总结"自上而下"的哈尔滨老工业基地城市记忆的关键词和记忆要点，并对其进行定位和比较分析。

2.数据搜集

尽管目前政府出台的各级、各类文本数量众多，内容丰富，但涉及哈尔滨老工业的文本十分有限。因此，为了研究的全面性、针对性和有效性，本书在筛选样本时，结合了汪芳在研究城市记忆时对政府文本选择的标准 [26]。首先，在规划级别的选择上，由于哈尔滨156项工程主要覆盖了两个行政区，因此其规划定位和整体性的发展需要站在整个城市的角度进行考虑，所以本书选取的是市级级别的规划文本。其次，在规划时间的选择上，考虑到国家首次提出振兴东北老工业基地战略的时间是2003年，为了充分了解在政策颁布后政府对老工业基地记忆的留存情况，同时结合哈尔滨相关规划文本搜集的难易程度，本书主要选取的规划时间节点是2005年左右及其后时间。最后，在规划内容的选择上，为了全面了解政府对哈尔滨老工业基地的价值评定、规划设想和发展蓝图，本书不仅选择了总体性、综合性强的城市规划文本，而且有针对性地选择了专项规划文本，涵盖工业和历史文化等。根据以上遴选的标准，最终确定了 3 类 12 个规划文本（表 4-3）。

最终确定的政府文本　　　　　　　　　　　　　　　　表4-3

文本类型	文本名称	发布时间（年）
国民经济和社会发展规划	哈尔滨市"十一五"规划	2006
	哈尔滨市"十二五"规划	2011
	哈尔滨市"十三五"规划	2016
城市总体规划	哈尔滨市城市总体规划（2004—2020 年）	2005
	哈尔滨市城市总体规划（2011—2020 年）	2011
	哈尔滨新区总体规划（2016—2030 年）	2016
专项规划	哈尔滨市历史文化名城保护专项规划方案	2003
	老工业基地振兴——哈尔滨市工业空间拓展规划（报批稿）	2004
	印象·哈尔滨规划	2008
	哈南工业新城概念总体规划	2010
	哈尔滨平房工业园区控制性详细规划	2013
	哈尔滨市城区老工业区搬迁改造实施方案（2013—2020 年）（修编）	2013

注：哈尔滨市"十一五"规划全称为哈尔滨市国民经济和社会发展第十一个五年规划纲要，其他类比。

3. 比较分析

所有的文本信息处理都在 ROST CM6.0 软件中进行。首先，对收集到的文本进行分词处理，目的是将软件无法分析的文本段落转换为可识别、提取和分析的独立词组；然后进行词频统计，并且根据实际需求选择性地进行语义网络分析；最后，为深刻解读规划文本对老工业基地的阐述，提取涉及老工业基地的句段，做进一步细致的语义考察。

（1）《国民经济和社会发展规划》文本的分析。本书首先以 156 项工程及电机厂、锅炉厂等具体的 10 项 156 项工程名称为关键词，对 3 个"五年规划"文本进行词频统计，发现这些关键词在规划文本中几乎无提及。因此尝试以老工业及老工业基地为关键词，再次对"五年规划"文本进行词频统计（表 4-4）。根据表格信息可知，老工业在每版的《国民经济和社会发展规划》中都被提及，且在最新一版中出现频次显著提升，并且出现了工业遗产的提法，这在之前两版中并未提及。这一趋势说明老工业基地作为一种遗产资源开始受到政府层面的重视。

此外，本书对具体涉及老工业的文本内容进行了更细致的语义考察。首先围绕老工业，统计了词频和共词矩阵，经过初步清洗（去掉"老工业""城市"等通用词，"哈尔滨"等具体地名，分词错误及无意义的词），为突出本书重点，本书选取词频排在前 20 位的词组，进行后续分析（表 4-5）。结果表明，关于老工业基地，政府最关注的是其发展和建设问题,把它作为了国民经济和社会发展的重点。"技术""基地""制造""经济""文化""创新""企业"等是老工业基地的标签,要保留并重视这些标签特征。在规划中要充分发挥老工业基地的优势,转向现代化、服务化、科技化方向发展,并在改造中保护老工业基地的特色。

《国民经济和社会发展规划》中老工业出现频次 表4-4

规划文本	年份	老工业出现的次数	老工业的指代用词
"十一五"规划	2006	18	哈轴、哈量、平房工业、动力区、香坊工业
"十二五"规划	2011	9	哈飞、哈轴、东安、香坊工业、三大动力
"十三五"规划	2016	26	工业遗产、哈电、哈飞、东安、香坊工业

《国民经济和社会发展规划》中老工业相关高频词统计 表4-5

词组	频次	词组	频次
发展	366	创新	86
建设	193	企业	86
重点	161	材料	80
技术	117	优势	78
基地	110	服务	72
推进	95	现代	63
制造	90	打造	62
经济	89	科技	55
文化	88	改造	53
装备	86	特色	43

通过文本分析,可以归纳以下几点:第一,政府对老工业基地的关注开始逐渐增强,并意识到老工业基地的工业遗产地位,但在对其保护方面还处于初步阶段。第二,《国民经济和社会发展规划》中并没有针对老工业基地的保护更新,提出明确的行动准则或保护方案,尚缺乏统筹安排。第三,在工业体系的发展和规划中,往往从新型工业化角度出发提出建设工业新区和工业园区,缺乏将老工业基地纳入文化产业发展或是历史遗产保护体系中。

(2)《城市总体规划》文本的分析。遴选出的文本是网上可查的两版《哈尔滨市城市总体规划》文本和最新发布的《哈尔滨新区总体规划(2016—2030年)》文本,首先通过关键词检索,统计老工业出现的频次(表4-6)。在《城市总体规划》中,老工业基地的提及频率较少,表明《城市总体规划》对老工业基地的关注较少,在总规层面并未统筹考虑老工业基地的发展。哈尔滨市 156 项工程主要分布在三大动力区和平房区的哈南工业区，总体规划对像 156 项工程这样的工业遗存并未多加关注，规划内容偏向于对工业新区的规划，缺乏对老旧工业片区更新转型的思考。接下来，利用 ROST CM6.0 软件统计老工业相关的词频和共词矩阵，经过初步清洗，选取前 20 位的高频词展开分析（表 4-7）。

《城市总体规划》中老工业出现的频次　　　　　　　　　　　　表4-6

规划文本	年份	老工业出现的次数	老工业的指代用词
哈尔滨市城市总体规划（2004—2020 年）	2005	2	工业区
哈尔滨市城市总体规划（2011—2020 年）	2011	2	三大动力工业区、哈南工业
哈尔滨新区总体规划（2016—2030 年）	2016	7	哈南工业、平房区

《城市总体规划》中老工业相关高频词统计　　　　　　　　　　表4-7

词组	频次	词组	频次
建设	43	科技	15
发展	42	文化	15
基地	25	形成	14
创新	24	提升	14
服务	23	设施	14
合作	22	装备	12
中心	19	特色	12
加快	17	体系	12
技术	17	板块	11
生态	16	平台	10

《哈尔滨市城市总体规划》对老工业基地的定位有以下特点：第一，最关注的是老工业基地的建设和发展问题，但在文本中却对老工业基地的详细规划提及较少。第二，在产业发展中，提及了创新、服务、技术、生态、科技、文化等方面，反映了传统产业转型升级的方向，可用于哈尔滨老工业基地的产业更新。第三，在总体规划角度，文化产业规划和历史遗产保护等方面都未提及老工业基地的地位，对于老工业基地重要遗产价值的认知，总体规划层面尚缺乏认识。

（3）《专项规划》文本的分析。了深入挖掘政府层面对哈尔滨老工业基地的价值判断，兼顾考虑相关专项规划的收集难度，本书在广泛收集的基础上，筛选了 6 项《专项规划》（表 4-8），内容涵盖工业、历史、印象等。统计结果表明，在这些政府专项规划中，"发展"仍然是老工业基地最为关注的问题。发展的内容涉及规划、改造、搬迁等方面。《专项规划》文本强调了编制老工业区规划的重要性，并将"工业文化"作为印象哈尔滨的城市品牌，规划重点在产业体系规划、工业传承、文化定位等方面。

《专项规划》文本中老工业出现的频次　　　　　　表4-8

规划文本	年份	老工业出现的次数	老工业的指代用词
哈尔滨市历史文化名城保护专项规划方案	2003	1	工业文化
老工业基地振兴——哈尔滨市工业空间拓展规划（报批稿）	2004	8	传统工业区、三大动力工业区、动力区、平房工业区、平房企业、香坊
印象·哈尔滨规划	2008	12	动力之乡、焊接城、航空汽车城、三大动力工业区、三大动力路、哈飞
哈南工业新城概念总体规划	2010	15	哈南工业、平房区、香坊区、工业重镇、香坊工业园、工业遗产
哈尔滨平房工业园区控制性详细规划	2013	2	平房工业、哈南工业
哈尔滨市城区老工业区搬迁改造实施方案（2013—2020 年）（修编）	2013	25	香坊区老工业、平房区老工业、哈飞、东安、东轻、哈南工业

经分析发现，6 个《专项规划》中，工业专项规划对老工业基地给予了高度重视，"老工业"作为关键词被频繁提及。156 项工程所在的平房区和香坊区在工业体系规划中占据重要位置，在通过空间腾退以优化环境、实现城市功能转型等方面具有重要作用。在《哈尔滨市历史文化名城保护专项规划方案》中，只提到一次工业文化，政府尚未将老工业基地纳入遗产保护体系。在《印象·哈尔滨规划》及《哈尔滨市城区老工业区搬迁改造实施方案（2013—2020 年）（修编）》中，"动力之乡""焊接城""航空汽车城""三大动力"等表示 156 项工程的标签被单独作为名词提及，这些都是"自上而下"的哈尔滨工业记忆要素。

本书运用 ROST CM6.0 统计了相关词频和共词矩阵，经清洗从中选取了前 20 位的高频词进行分析（表4-9）。分析可知，"发展"出现的频次最高。

分析《专项规划》文本可发现：第一，老工业基地是哈尔滨工业体系规划的重要组成部分，专项规划提出要对城区老工业进行改造、搬迁，将开发区作为老工业搬迁改造的主要承接地，以企业为依托，通过科技研发和产业体系培育，重焕区域经济活力。第二，工业专项规划提出要把老工业腾空区与城市核心区发展统筹考虑，通过文化挖掘和环境治理，带动整个城市功能转型，塑造城市新印象、新形象和新特色。第三，老工业基地的发展在产业专项规划中有明确的行动准则和实践方案，但在历史文化专项规划和印象规划中，只是简要提到了工业遗产和工业文化，并没有具体的保护和实施策略。

《专项规划》文本中老工业相关高频词统计　　表4-9

词组	频次	词组	频次
发展	39	环境	12
文化	29	企业	11
规划	26	体系	11
城区	24	区域	11
功能	18	重点	11
基地	17	现代	10
改造	17	形象	10
印象	16	历史	9
经济	14	开发区	8
搬迁	12	特色	7

4.1.3 "自上而下"的记忆小结

通过以上分析可以概括出"自上而下"的哈尔滨 156 项工程城市记忆情况。

（1）关于哈尔滨市 156 项工程的记忆留存度。①工业城市规划的历史考察。哈尔滨的城市总体规划、分区规划和专项规划在哈尔滨的工业化进程中扮演着重要角色，同时也奠定了我国城市规划事业的基础。在特定的国际战略格局和计划经济体制下，哈尔滨成为以 156 项工程为中心、优先发展重工业的城市，并展开了广泛的城市规划实践活动。哈尔滨熟练运用苏联城市规划的范式，保留了珍贵的工业记忆文化要素，如格局型记忆要素——工业布局，结构型记忆要素——工业空间演变和"南拓""中兴"战略部署，街区型记忆要素——历史街区，纪念型记忆要素——历史建筑等。②工业城市意象的逐渐清晰。156 项工程使哈尔滨这座老工业城市的意象更加清晰，使之具有极强的时代性和地域可识别性。哈尔滨"三大动力""十大军工"名扬全国，"动力之乡""工具之城""轴承之都""航空之城"这些享誉中外的群体意象意义深远。至今为止，哈尔滨电机厂、汽轮机厂、锅炉厂、轴承厂、量具刃具厂等仍占据国内同行业"当家花旦"的地位。这些意象对探讨哈尔滨工业遗产的整体保护和城市形象的重塑具有重要指导作用。

（2）关于哈尔滨市老工业基地的规划定位。老工业基地的发展是工业体系规划的重要内容。根据规划，哈尔滨市老工业区或搬迁或就地改造，并通过多项措施改善腾退区环境。腾退区要合理评估记忆资源，对产业进行重新规划，要与城市的核心区发展统筹考虑，推进整个城市功能转型和产业升级。156 项工程所在的香坊区和平房区在规划中定位为：香坊区未来将打造多元化的城市功能，囊括商务休闲、主体公园、生态居住、教育科研及博览展示等，将重点发展商贸物流和都市工业旅游；平房区未来将融入哈南工业新城发展，建设经济技术开发区，将重点并积极发展多种创新产业，如民用航空产业集群、高端制造及商贸物流等。

（3）关于哈尔滨市老工业基地的发展蓝图。通过梳理"自上而下"的资料，可以发现在国家振兴东北老工业基地的历史机遇下，官方逐步从注重经济建设转为兼顾社会文化发展，从注重物质转为突出品质，从强调发展转为在传承中创新保护。但是目前针对哈尔滨工业遗产保护的体系尚未建立，还未形成由总体（总体规划）到区域（专项规划）、由管理政策到空间设计、由上到下的分层分级保护规划体系。保护行为目前只停留在意识阶段，未进入历史保护专项规划和实践阶段。通过解读官方规划导向的变化，可以预期老工业基地的搬迁改造，将提升哈尔滨市的城市功能和品质，哈尔滨失落的工业记忆将会在工业遗存慢慢受到重视后被重拾和重组，哈尔滨的城市工业印象将成为哈尔滨的又一新名片。

4.2 "自下而上"的城市记忆分析

近年来，我国积极引入"以人为本""公众参与"等规划理念，从"自下而上"的角度研究 156 项工程的工业记忆显得尤为重要。"自下而上"的记忆体现为当地人的地方情感表达，涉及情感方向、记忆内容、记忆方式等内容。"自下而上"主体对156 项工程的关注表现为两个层面：其一，公众的"自我建构"，不同人群对 156 项工程有不同的态度和关注内容的解读，本书通过问卷调查来研究不同群体的记忆度和记忆内容的差异；其二，媒体的"关注"，记忆的巩固和扩展需要媒体舆论的支持，报道的增加、关注范围的改变和扩大等体现了媒体的传播作用。

4.2.1 问卷调查中的记忆分析

问卷调查的目的是了解哈尔滨市民对 156 项工程相关记忆要素的认知情况，从而为后续的工业更新提供一定的依据。本书以前文梳理的城市记忆资源现状为基础设计调查问卷。考虑到 156 项工程工厂之间的联系性、知名度和调研工作量，本次问卷调查对象为三大动力 3 厂和平房航空城 3 厂，共计 6 个厂区。调查地点为：锅炉厂、汽轮机厂、电机厂，发放《哈尔滨工业记忆问卷调查（三大动力篇）》，每个地点发放 50 份，合计 150 份，实际回收 142 份，回收率达 94.7%，达到样本数量要求；东北轻合金厂、伟建机器厂（哈飞）、东安机械厂（东安）发放《哈尔滨工业记忆问卷调查（平房区篇）》，每个地点发放 50 份，合计 150 份，实际回收 140 份，回收率为 93.3%，达到样本数量要求。

1. 基本信息分析

（1）三大动力区。在所有被访对象中，男性比例为 47.89%，女性为 52.11%，男女比例适中（图 4-12）。在年龄构成上，60 岁以上的老年（40.85%）和 18~44 岁的青年（32.39%）居多（图 4-13）。在哈尔滨的停留时间，长期停留 6~10 年及 10 年以上人群分别为 38.03% 和 36.62%（图 4-14）。在被访对象属性上，锅炉厂、汽轮机厂、电机厂职工（家属）的比例分别为 16.90%、19.72% 和 15.49%，非厂区职工（家属）为 47.89%（图 4-15）。总体来看，样本结构基本合理，适用于分析研究。

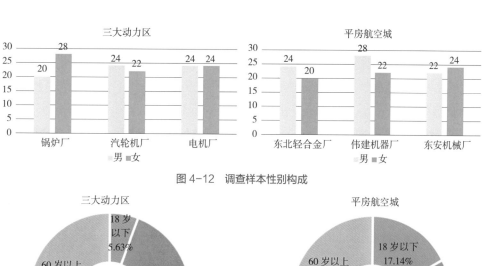

图 4-12　调查样本性别构成

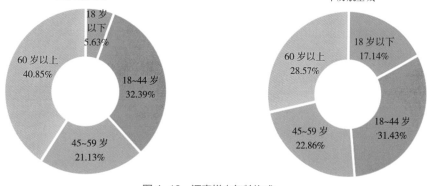

图 4-13　调查样本年龄构成

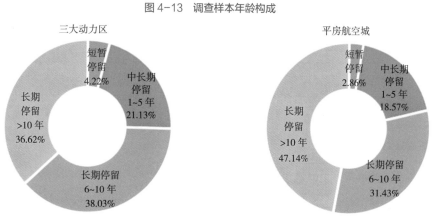

图 4-14　调查样本在哈尔滨停留时间

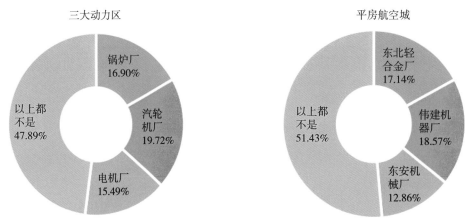

图 4-15　调查样本对象属性

（2）平房航空城。在所有被访对象中，男性比例为 52.86%，女性为 47.14%，男女比例适中（图 4-12）。在年龄构成上，18~44 岁的青年（31.43%）和 60 岁以上的老年（28.57%）居多（图 4-13）。在哈尔滨的停留时间，长期停留 10 年以上和长期停留 6~10 年的人群分别为 47.14% 和 31.43%（图 4-14）。在被访对象属性上，东北轻合金厂、伟建机器厂、东安机械厂职工或职工家属的比例分别为 17.14%、18.57% 和 12.86%，非厂区职工或职工家属的比例为 51.43%（图 4-15）。总体来看，调查样本的结构基本合理，适用于分析研究。

2. 情感特征分析

情感是人在生活生产中对客观事物的态度体验。心理学研究表明，情感与记忆存在明显的相关关系，二者很难分离，情感态度在很大程度上决定着公众参与记忆活动的"量"与"质"。在问卷调查中，本书利用李克特量的调查方法，分别从"对哈尔滨的工业氛围 / 工业文化的总体感受""对工人新村生活环境的满意程度"进行情感调查，答案设置级别为 5 个等级，赋予 1~5 的分值，1 为极负评价、2 为负面评价、3 为中庸评价、4 为正面评价、5 为极正评价。通过这种评分式的方法对定性化的数据进行定量化分析。

（1）对哈尔滨工业氛围 / 工业文化的总体感受。调查显示（表 4-10），三大动力区被访样本的情感平均分为 3.45，平房航空城被访样本的平均分为 3.24。由此可见，动力区工业氛围的情感程度要优于平房区，这可能是因为动力区的三大动力路已被规划为工业风情街，工业文化更为浓厚，居住在动力区的人群对工业氛围的感受更强。在三大动力区调研中，非厂区职工或职工家属的样本数为 47.89%，情感平均分为 3.18；厂区职工或职工家属的样本数为 52.11%，情感平均分为 3.70。在平房航空城调研中，非厂区职工或职工家属的样本数为 51.43%，情感平均分为 3.00，厂区职工或职工家属

"您对哈尔滨工业氛围/工业文化的总体感受"评分表   表4-10

	三大动力区	平房航空城
总体情感	3.45	3.24
厂区职工（家属）	3.70	3.49
非厂区职工（家属）	3.18	3.00

的样本数为 48.57%，情感平均分为 3.49。由此可见，与厂区有密切关系的人群对哈尔滨的工业有着浓烈的情结，地方归属和情感会更强，比一般人群更为关注和喜欢哈尔滨的工业氛围或文化。

（2）对工人新村生活环境的满意程度。调查显示（表4-11），三大动力区被访样本的情感平均分为 2.54，平房航空城被访样本的平均分为 3.01。在三大动力区调研中，厂区职工或职工家属的情感平均分为 2.71，非厂区职工或职工家属的情感平均分为 2.39。在平房航空城调研中，厂区职工或职工家属的情感平均分为 2.75，非厂区职工或职工家属的情感平均分为 3.29。由此可见，人群对工人新村生活环境的满意程度并不高，且三大动力区的工人新村生活满意度远远小于平房航空城。这是因为平房航空城的哈飞家属区和东安家属区均被列为历史文化街区，环境质量得到了一定改善，而三大动力区的家属区环境较为破败，不能满足居民的需求，急需得到整治。通过对住区居民的访谈得知，虽然工人新村的居住条件不能满足需求，但大多数的厂区职工还是表示不愿意离开，这份感情是对街坊的不舍和"工业情怀"，也是对工业社区氛围的"地方依恋"。

"您对哈尔滨工人新村生活环境的满意程度"评分表   表4-11

	三大动力区	平房航空城
总体情感	2.54	3.01
厂区职工（家属）	2.71	2.75
非厂区职工（家属）	2.39	3.29

3. 总体印象分析

（1）城市意象。在三大动力区调研中，当受访人群被问到"是否知道三大动力包含三厂：锅炉厂、汽轮机厂和电机厂"时，74.65% 的人群表示知道；在平房区调研中，当受访人群被问到"是否知道平房航空城包含三厂：哈飞、东安和东北轻合金厂"时，57.14% 的人群表示知道。由此可见，"三大动力"和"平房航空城"城市意象的记忆程度较高，且"三大动力"城市意象的熟知度要显著高于"平房航空城"。

（2）厂区印象。调查显示（图 4-16），人群对哈尔滨老工业或 156 项工程，记忆最深刻的是厂区大门，受访对象中有 68.57% 的人群选择了该印象；其次怀念或记忆深刻的印象是工厂特色建筑、工厂普通厂房和工人新村；相对而言，工业口号、工业雕塑或浮雕在人群中的记忆度很低。

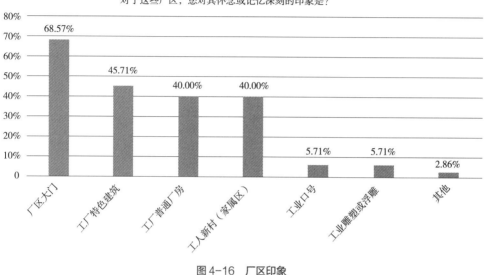

图 4-16　厂区印象

（3）保护意愿。在问到"如果工厂有搬迁改造的打算，您认为它们有保留的价值吗"的问题时，利用李克特量表的方法，答案设置级别为 5 个等级，分别为"很没必要""没必要""无所谓""有必要""很有必要"，并从低到高分别对应 1~5 分的分值。调查显示（表 4-12），受访对象对工厂保留价值的平均得分为 3.84，因此群体认可了 156 项工程的价值，认为其有必要保留。

"如果工厂有搬迁改造的打算，您认为它们有保留的价值吗"评分表　　表 4-12

	锅炉厂	汽轮机厂	电机厂	东北轻合金厂	伟建机器厂	东安机械厂	总体
平均分	3.90	3.87	3.89	3.76	3.83	3.77	3.84

4. 记忆度分析

记忆度是对记忆认知主体进行测评，量化分析主体对调查对象的记忆程度。本书选取的记忆度测量方法是在"记忆要素认知情况调查法"的基础上改进的。首先，需要通过文献和访谈等梳理研究对象的城市记忆要素，并在此基础上设计调查问卷；其次，改变原有"记忆要素认知情况调查法"中对记忆要素只有选项"是"和"否"的设置，改进为李克特 3 点量表法,赋予 1~3 分,其中 1 为"无印象",2 为"模糊印象",3 为"有印象"。改进后的记忆度计算公式(4-1)为:

$$M(i)=(X_i \times 1 + Y_i \times 2 + Z_i \times 3)/N \tag{4-1}$$

式中　$M(i)$——城市记忆度;

　　　　N——被调查的人群总数,且 $N = X_i + Y_i + Z_i$;

X_i、Y_i、Z_i——对记忆要素 i 的记忆为"无印象""模糊印象""有印象"的人数。

调查显示(图 4-17),三大动力区的城市记忆度水平要略高于平房航空城。

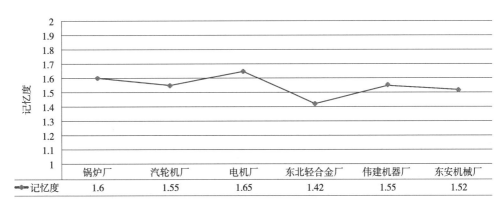

图 4-17　各 156 项工程记忆度水平

（1）锅炉厂记忆度分析。调查数据显示（图 4-18）,哈尔滨锅炉厂的记忆度均值为 1.60。其基本信息,如"属于 156 项工程""苏联援建";其名号,"中国最大电站锅炉制造企业""共和国装备工业'长子'"的记忆度较高,这反映出锅炉厂的知名度较高,其荣誉得到了人群的关注。此外,"声音记忆",如整点钟声和上班钟声是颇具特色的军号声,在调研中发现,无论人群是否为厂区职工,都普遍对声音记忆留下了较深刻的印象,声音记忆体现了 156 项工程军工企业的传统,烘托了工业时代氛围。相对而言,"哈尔滨锅炉厂创造了历史上大量'第一'产品""锅炉厂支援三线建设"和"哈锅精神"的记忆度很低,这反映出哈尔滨锅炉厂的历史沿革和企业工匠精神的传承和记忆度不高,也从侧面反映出企业对外宣传信息的闭塞,这与厂区属于军工企业,具有较强的封闭性有很大关系。

（2）汽轮机厂记忆度分析。调查数据显示（图 4-19）,哈尔滨汽轮机厂的记忆度均值为 1.55。其基本信息,如其"属于 156 项工程""苏联援建";其名号,"国家的宝贝、掌上明珠"的记忆度较高,这反映出哈尔滨汽轮机厂的知名度较高。此外,"声音记忆",如整点钟声和上班钟声是颇具特色的军号声,比较容易被厂区周边人群感知,其记忆度也较高。相对而言,哈尔滨锅炉厂的名号"中国汽轮机最大设计制造基地",

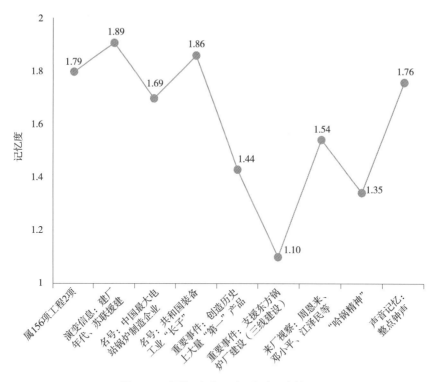

图 4-18 锅炉厂记忆要素记忆度调查结果

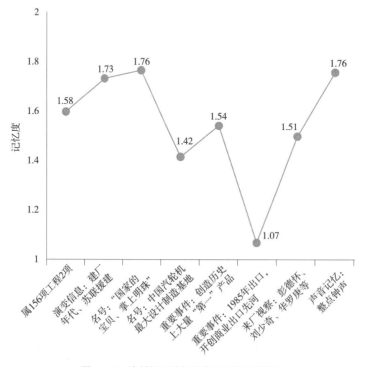

图 4-19 汽轮机厂记忆要素记忆度调查结果

历史事件"创造了历史上大量'第一'产品","重要人物来厂视察"等的记忆度较低，重要历史事件"开创汽轮机商业出口先河"的记忆度很低，这说明哈尔滨汽轮机厂的历史文脉和工匠精神的传承不佳。

（3）电机厂记忆度分析。调查数据显示（图 4-20），哈尔滨电机厂的记忆度均值为 1.65。其基本信息，如"属于 156 项工程""苏联援建"；其名号，"共和国装备工业'长子'"；其重要事件，如"参与的重点工程项目有葛洲坝、三峡、宝钢"等；其重要题记，邓小平的题字"电机工人"的记忆度较高，这反映出哈尔滨电机厂的知名度较高，企业对外宣传有一定成果。调研中发现，电机厂是三大动力区 3 个厂区中唯一一个做了工业浮雕或小品的厂区，这些景观小品对宣传工厂企业文化起到了一定传播作用。此外，工厂的"声音记忆"，和锅炉厂、汽轮机厂一样，是特色的军号声音，其记忆度也较高。相对而言，哈尔滨电机厂的历史事件，如"其前身为沈阳搬迁至哈尔滨的电工五厂""工厂在东北沦陷时期赛马场动工建设"等事件以及"哈电精神"，这些记忆要素的记忆度较低，这说明哈尔滨电机厂的历史考古和工匠精神传承有待加强。

（4）东北轻合金厂记忆度分析。调查数据显示（图 4-21），东北轻合金厂的记忆度均值为 1.42。其基本信息，如其"属于 156 项工程""苏联援建"；其别名"新风

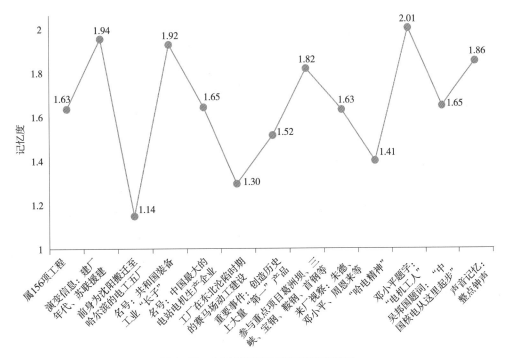

图 4-20　电机厂记忆要素记忆度调查结果

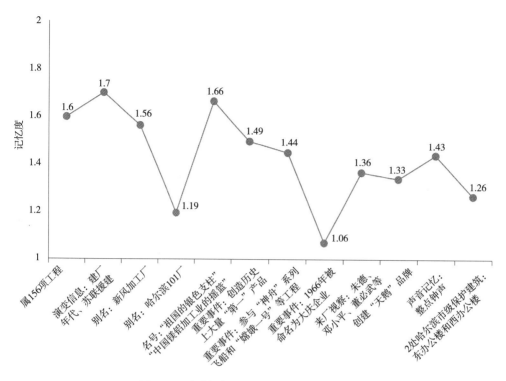

图 4-21 东北轻合金厂记忆要素记忆度调查结果

加工厂",名号"祖国的银色支柱、中国镁铝加工业的摇篮"的记忆度较高,这反映出东北轻合金厂的知名度较高。此外,"声音记忆",重要事件"创造了历史上大量'第一'产品""参与神舟系列飞船和嫦娥等工程","创建天鹅品牌"的记忆度中等。相对而言,人群对"已被列为保护建筑的东北轻合金厂东西两座办公楼"的记忆度很低,这与厂区闭塞,两座办公楼人群基本接触不到,记忆途径缺乏关系密切。此外,其别名"101厂""曾被命名为大庆企业"的记忆度非常低,这说明东北轻合金厂的历史文脉还需进一步宣传和弘扬。

（5）伟建机器厂记忆度分析。调查数据显示（图 4-22），哈尔滨伟建机器厂（哈飞）的记忆度均值为1.55。其基本信息,如其"属于156项工程""苏联援建",别名"伟建机器厂",名号"飞机制造的鼻祖、航空骨干企业"的记忆度较高,这反映出伟建机器厂在人群中的知名度较高。此外,"声音记忆"和"哈飞家属区是历史文化街区"的记忆度也较高,这反映出伟建机器厂对工业记忆进行了一定程度的保护,且对人群记忆的塑造起到了一定效果。相对而言,伟建机器厂的别名"黑龙江122厂",重要事件"支援抗美援朝和空军训练""北京奥运会开幕式的烟火脚印",这些记忆要素的记忆度不高,这反映出企业封闭性较强,重要事件缺少宣传,导致人群只闻其名不知其事。

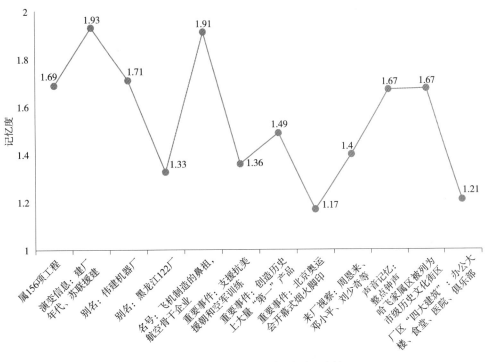

图 4-22　伟建机器厂记忆要素记忆度调查结果

（6）东安机械厂记忆度分析。调查数据显示（图 4-23），哈尔滨东安机械厂的记忆度均值为 1.52。其基本信息，如其"属于 156 项工程""苏联援建"，别名"东安机械厂"，名号"中国航空支柱企业"，"东安家属区是历史文化街区"的记忆度较高，这反映出东安机械厂的知名度较高。此外，"声音记忆"和"创造了历史上大量'第一'产品"重要事件的记忆度也较高。这些都反映出东安机械厂对工业记忆进行了一定程度的保护。相对而言，其别名"黑龙江 120 厂"，重要历史信息，如"原厂址为东北沦陷时期侵华日军空军部队飞机修理厂""1965—1975 年向亚非欧 8 个发展中国家援助机器"事件的记忆度很低，这说明哈尔滨东安机械厂的历史沿革和工匠精神的传承度和记忆度不高。

（7）记忆度分析小结。调查数据总结，哈尔滨 156 项工程在人群中的记忆度较低，且三大动力的城市记忆度水平要略高于平房航空城。由于哈尔滨 156 项工程的单位性质并不对大众开放，所以对这些工厂的记忆要素有感知度的人群基本集中在厂区职工或家属及附近居住的市民。总体来说，苏联援建、声音记忆、一些著名的名号在人群中记忆度较高，而关于工厂发生的重要事件在人群中的记忆度较低。调研发现，厂区职工或家属对所调研的 6 个厂区的记忆要素的记忆度基本为模糊，只有少数要素为有印象；而非厂区职工或家属对大部分记忆要素的记忆度为无印象，只有少数要素有模糊印象。

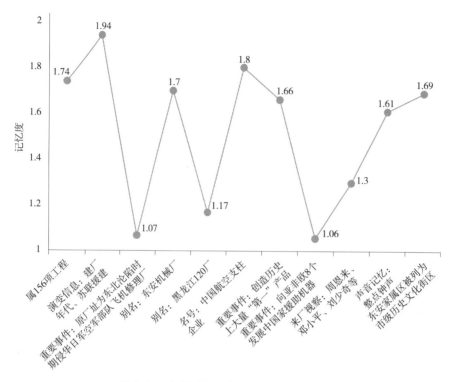

图 4-23 东安机械厂记忆要素记忆度调查结果

5. 记忆途径分析

（1）现有的记忆途径。在信息渠道方面（图 4-24），被访群体对 156 项工程城市记忆的主要途径是口述流传，其次是亲身经历和企业宣传。相对而言，通过报纸、期刊、电视新闻媒体和网络等进行工业记忆认知的市民比例较少。经过资料查询和实地调研可知，博物馆和档案馆针对 156 项工程的资料较少，且都在特殊的馆藏区域，城市中

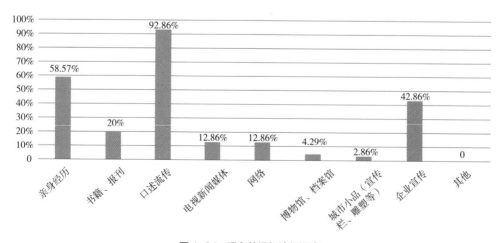

图 4-24 现有的记忆途径调查

有关 156 项工程的景观小品几乎没有，因此通过博物馆、档案馆和城市小品获得相关记忆认知的人数很少。

（2）期望的记忆途径。在被问到"未来希望通过什么途径了解哈尔滨的工业文化"时（图 4-25），被访群体期望的城市记忆途径主要是博物馆、档案馆、电视新闻媒体、网络和城市小品，其次是通过书籍、报刊和企业宣传。相对而言，现有主要记忆途径中的口述流传和亲身体验在期望的记忆途径中被削弱，这在一定程度上反映出市民迫切需要多元化的信息传播媒介，来加深他们对哈尔滨工业记忆的了解。

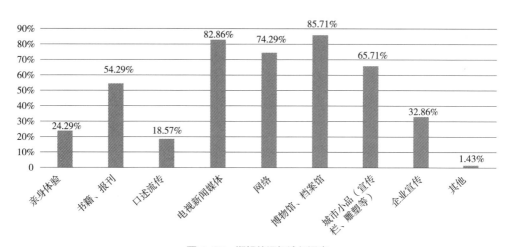

图 4-25　期望的记忆途径调查

4.2.2　媒体语境中的记忆分析

1. 新闻媒体语境

为研究 156 项工程在大众媒体中的记忆程度，本书选取中文搜索引擎"百度新闻"对相关媒体报道进行收集。通过尝试多种关键词的预实验，本书从提高检索效率和有效率的角度出发，最终以"哈尔滨工业遗产"为检索的关键词。2018 年 7 月 10 日，在"百度新闻"上搜索"哈尔滨工业遗产"，共搜索出新闻 68 篇，经过去重和从中筛选出与 156 项工程相关的话题，共计 34 篇有效数据。

从目前的数据来看，有关哈尔滨 156 项工程工业遗产价值的报道处于 2006 年到 2017 年的时间范围内。整体来看（图 4-26），新闻媒体对 156 项工程的关注程度并不高，相关媒体报道数目很少，甚至有些年份的报道数目为零；趋势上来看，媒体对 156 项工程的关注得到了一定提升；2006—2010 年的平均报道数量为 1.6 篇，波峰数据为 2008 年的报道数 4 篇，2011—2017 年的平均数为 3.7 篇，波峰数据为 2015 年的报道数 10 篇。

新闻媒体的报道可侧面反映出社会群体的记忆特征与氛围。梳理和归纳新闻标题

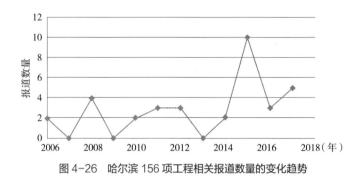

图 4-26 哈尔滨 156 项工程相关报道数量的变化趋势

与核心内容后，笔者将近 10 年的哈尔滨 156 项工程报道分为三个阶段：

（1）事件的警示性叙述（2006—2009 年）。这一阶段的新闻报道多为警示性的叙述，主题多为对哈尔滨老工业价值的描述（如 2008 年的"非古建筑非文物，老厂房老机器工业遗产需保护"）、老工业基地面临的困境（如 2008 年的"哈尔滨工业遗产亟待保护，老厂区正被高楼大厦取代"）等。2010 年以前，在城市化的浪潮和经济转型发展中，大量的哈尔滨工业建筑在消失，但是这些消失的遗迹和消失的事件都没有出现在新闻媒体环境中。这一阶段"自下而上"认知主体的"记忆"过程并不广泛，工业遗存的保护观念非常薄弱，156 项工程的文化认同感基本为零。

（2）工业改造开始引起关注（2010—2013 年）。这一时期的新闻言论开始对哈尔滨工业遗存的整体改造进行报道。与此对应的社会背景是哈尔滨的第四次总体规划提出"北跃、南拓、中兴"战略，管理者开始对之前的清拆行为进行反思与检讨，而此时新闻媒体担任了为官方和群众发声的重要途径，如 2010 年的"中外专家聚冰城把脉城建：旧城区改造应保存历史真实性"，2011 年的"哈尔滨市实施中兴建设十项重点工程方案出台"，2012 年的"哈埠企业博物馆：为老工业基地'把根留住'"。官方和民众对哈尔滨工业遗存动态的敏感度开始提高，工业遗存和工业文化的话题开始得到重视。主体关于 156 项工程的文化认同从"零"变为"保"，这种保护意识的觉醒反映了工业记忆的过程开始苏醒。

（3）文化共识的产生（2014—2017 年）。2014 年国家首次提出 156 项工程工业遗产保护倡议，这为哈尔滨老工业基地的振兴带来重大发展机遇。这一时期的新闻言论转向对哈尔滨工业遗存改造模式的探讨报道，出现了"改造升级""博物馆建造""遗址公园""工业旅游"等多种更新模式的探讨建议。新闻媒体对哈尔滨工业遗存的报道不单只局限在保护物质空间形态，而且开始探讨在未来的城市发展中工业记忆与工业文化所起到的重要作用。但是这一阶段，主体对工业文化的意识也只是从简单的"保"逐渐转变到思索"如何保"的层面，工业遗产保护仍处于初步探索阶段。

2. 自媒体语境

哈尔滨对工业的记忆还体现在自媒体语境中，记忆的延续和文化的保护离不开民间团体的自发推动和保育行为。通过广泛搜集，目前只发现两家初具规模的自媒体在通过自己的方式向哈尔滨的历史文化致敬，为工业记忆发声（表 4-13）。

工业记忆"保育"中的相关自媒体 表4-13

自媒体名称	成立时间	描述	关注内容	有关156项工程的成果	热度
大话哈尔滨	2009	包括网站、微信公众平台、新浪微博、今日头条号、搜狐自媒体、豆瓣小站。最初由哈尔滨历史建筑爱好者发起并维护，是非营利民间公益城市文化研究与传播社群	以哈尔滨人文地理、城市记忆、美食地图等为核心，讲述一座城市的故事，以线上讨论和线下活动相结合的方式，促进本土文化的发掘整理和传播	【哈尔滨故事】专栏文章：《1950年代哈尔滨熠熠生辉的大工业时代曾独占国家十分之一投资》《解密|朝鲜战争爆发后，史上空前的中国工厂集体大搬迁》《旧照|1950年代的哈尔滨，美丽简约像幅刻版画》《记忆中的安乐街》《昔日安乐街》《安乐街见证三大动力工厂的过去和现在》《平房碎碎念》《作为哈尔滨的"大厂子弟"，我亲历了那个"失落与痛苦的年代"》《我所知道的劳模李学义》	微博粉丝25万
远东记忆——黑龙江浩源文献馆	2014	包括文献馆、网站、微信公众平台。业务主管单位为黑龙江省文化厅。2016年成立志愿服务工作队，与香坊区文体局合作开展"黑龙江地域口述历史采集计划"	挖掘、整理、保存、保护黑龙江地域文献，使其能为社会经济发展、文化体系建设和人民幸福生活提供丰富的精神食粮	"记忆·中国的动力之魂"——哈尔滨市香坊区老工业基地发展图片展；参与中央电视台拍摄的纪录片《中国的工业文明》，并为其提供大量实物文献；2016年举办"黑龙江工业文明文献展"；未来5~10年会对黑龙江地域企业的成长、黑龙江工业文明的进程等方面进行有系统有规划的口述历史采集活动	—

从表 4-13 中可以看出，这两家民间公益团体对哈尔滨的历史文化颇为关注，行动力较强，短短几年时间内，已整理发布了数篇有关哈尔滨 156 项工程的报道，并举办了多场关于工业文化的活动，这些自媒体对哈尔滨工业文化的传播和工业记忆的延续起到了一定的推动作用。这些自发的"保育"行为与当地人的本土意识息息相关，他们对哈尔滨有着强烈的情结，地方认同感使得他们很容易建立起对哈尔滨工业遗存保护的文化自信。

自媒体语境下的 156 项工程记忆特征：①较系统的基础资料。自媒体目前对哈尔滨 156 项工程的研究方法主要采用拍摄照片、资料梳理、口述史回顾等方法，自媒体平台将调查资料处理为易被大众接受的文化形式，从而进行广泛传播。②"小叙事"模式。"小叙事"使用通俗化的叙述文本，较小的叙事角度，使用场景化或符号等手段进行信息传播。在自媒体的传播过程中，公众不仅仅是媒体受众，还是信息的生产者、传播者和评论者，公众的传播内容因身份的不同、视角的多元、信息侧重点的不同而丰富化。③记忆的形象化表达。老照片展、影片形式可以更真实形象地反映哈尔滨工业中最重要的信息，表达哈尔滨工业文化的变迁史；口述史、文献档案等形式可以较为完善地保存对哈尔滨工业文化的记忆，呈现不同时期哈尔滨 156 项工程的状态，同时这些资料可以用于具体建设，搭建与官方交流的平台，深化对哈尔滨工业记忆的解读。④自媒体运营规范化。随着信息网络的发展，自媒体时代的传播从"专业精英生产"转变为"全民生产"，草根传播挑战专业传播，这些都在一步步解构新闻行业坚守的客观、公正的新闻专业主义，从而出现了文本情绪化、传播信息失真化等情况。目前关于哈尔滨历史文化传播的这两家自媒体运营都较为规范，主要原因是这些自媒体的运营都有政府机构和专业人士的介入，从而确保了传播信息的客观、公正性。

3. 媒体记忆特征总结

（1）内容建构类型。通过分析媒体发布的文章，可将媒体建构的 156 项工程记忆类型归纳为三类：①情感共鸣型。通过呈现厂风、厂景等具有特定意义的象征符号，充分展示工厂的历史、现实与未来，引发公众的共同记忆，激发工厂老职工的集体归属感，如《平房碎碎念》。②集体荣誉型。主要包括对工厂重大发明、突出成就、杰出人物等具有影响力事物的宣传，引起公众对所处地域集体的自豪感，如《画说哈尔滨解放 70 周年 | 从"制造"到"智造"工业基地的哈尔滨实力没变》。③未来展望型。主要是对当下现实的加工再现，对未来美好蓝图的构建，从而引发公众对地域文化的重视，增强认同感和参与度，如《哈市香坊老工业区，将华丽变身时尚之地》。

（2）时间性特征。媒体语境在一定程度上代表了社会群体对工业记忆的情感表达，通过梳理新闻媒体和自媒体的报道，可将记忆的时间线特征总结为四种表现：普通回忆、抗争警示、共情关注与共识塑造（图 4-27），关于 156 项工程的记忆也从"零"到"保"再到"如何保"，"自下而上"主体的关注、挖掘与深化也随着时间推移而加深。

（3）碎片化特征。对于哈尔滨工业遗存的保护而言，基本信息的梳理是保护的第一步，然而目前媒体关于哈尔滨工业文化的报道并不多，因此对于 156 项工程，还未形成历史档案，156 项工程的记忆仍然匮乏且呈现碎片化特征。媒体关于哈尔滨工业记忆的成果多为展示和叙述基本的资料，主题多聚焦于对哈尔滨老工业衰落和消失的反思，其不足之处是对工业遗存未来可持续发展的思考并不多。媒体对 156 项工程的认知仍处于懵懂阶段，对其的"保育"行为目前只停留在保护意识阶段，尚未有切实的保护行为。

4.2.3 "自下而上"的记忆小结

从上文问卷调查和媒体语境中对记忆的整体认知，哈尔滨 156 项工程"自下而上"的城市记忆特征为：

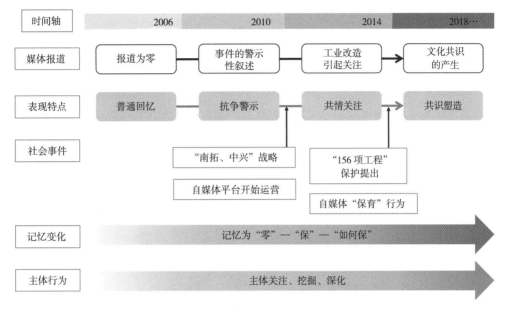

图 4-27　媒体语境中 156 项工程的时间线特征

（1）记忆的差异性。不同类型的人群会对记忆有不同的理解，这与他们的个人经历有关，其记忆本身也会随着时间的变化而变化。"自下而上"的个体因为年龄、职业、阅历等的不同而使记忆具有差异性。①厂区职工与外来者的差异。由于 156 项工程大多属于军工企业，长期闭塞，信息保密，调研中发现非厂区职工对于 156 项工程的记忆度基本为零，而厂区职工也大多只对自己本厂的记忆要素记忆度高，而对其他厂区的记忆要素记忆度也很低。②年龄群体差异。调研中发现，老年人群对 156 项工程的记忆度要远远高于青年人群，青年人群的记忆大多数来自长辈口述，156 项工程工业记忆的代际传递非常薄弱，记忆出现年龄断层。

（2）记忆的衰退、简化。相对而言，老年群体、厂区职工及家属群体的记忆相对较多，而青年群体、非厂区职工群体的记忆缺失很多细节和内容。156 项工程的记忆度普遍很低，工业记忆没有得到较好地传承，随着城市化发展和工厂企业的搬迁，"自下而上"主体对 156 项工程的记忆呈现记忆要素碎片化、记忆内容衰退、缺失和简化的趋势。

（3）文化价值尚未普及。不论是广大公众，还是媒体环境，156 项工程的价值开始被重视，但是其工业价值还未得到普遍的认可。156 项工程的封闭性导致其记忆信息在民间的记忆度很低，大多数人群只闻其名不知其事。自老工业基地衰落之后，人群对企业工厂的印象是"历史包袱"，其历史文化价值被忽略；近几年随着老工业基地的振兴，新闻媒体的报道和自媒体的"保育行为"，哈尔滨 156 项工程的价值开始进入公众的意识层面，但尚处于初步阶段。

4.3 城市记忆影响因素分析

4.3.1 影响因素梳理与测评方法

根据现场调研访谈和对问卷调查结果的梳理可知,城市记忆度的高低与人口学特征有着密切的关系,这些人口学特征包括性别、年龄、学历等属性。

除去受访者本身的属性外,城市记忆度的高低还与哪些因素有关?本书结合专家学者对记忆度测评方法的研究,通过前文对"自上而下"与"自下而上"记忆情况的了解分析,以及与城市规划专业人士的探讨,确定了影响工业记忆要素的 6 个因素,分别为:客观因素——空间环境开放度和交通可达程度,"自下而上"的主观因素——了解程度和参与程度,这两个因素由被调查者的个人情况而定;"自上而下"的主观因素——政府的关注度及宣传力度。这 6 个因素对城市记忆的影响程度不同,在此邀请了 10 位专业人士对影响因子进行打分,取平均分得出权重结论,见表 4–14。

记忆影响因素的权重　　　　　　　　　　　　　　表4–14

测评指标（i）	了解程度	参与程度	政府的关注度	宣传力度	空间环境开放度	交通可达程度
权重（f）	1.5	2	2	1.5	2	1

结合前文的调研问卷对 6 个工程厂区的 6 个指标给予打分,分数为 1、2、3、4、5 五档,分别代表"很差、差、一般、好、很好",指标的程度高,则相对应的分数也高。根据受访对象给出分数的算术平均值作为最后的分值,得出各工厂的各项指标分数见表 4–15。

记忆影响六因素的分析结果　　　　　　　　　　　表4–15

指标体系／156项工程	了解程度	参与程度	政府的关注度	宣传力度	空间环境开放度	交通可达程度
锅炉厂	2.8	2.4	3.2	3.3	2.4	3.8
汽轮机厂	2.6	2.1	3.1	2.5	2.2	3.6
电机厂	3.2	3.0	3.1	3.6	2.3	3.9
东北轻合金厂	2.2	1.8	2.4	2.4	1.6	2.8
伟建机器厂	2.4	2.9	3.6	3.0	1.5	2.9
东安机械厂	2.3	2.1	3.3	2.8	1.8	2.6

根据公式（4–2）计算各个工厂的记忆度。

$$M(n)=\sum_{i=1}^{6}[F(i)\div 10]\times M(i) \tag{4-2}$$

式中 $M(n)$——工厂 n 的场所记忆度；

$F(i)$——测评指标 i 的权重；

$M(i)$——工厂 n 所对应测评指标的场所记忆分数。

根据公式可得出各个工程的记忆度，如图 4-28 所示，这个与前文图 4-17 计算出的记忆度走势基本相同，这从侧面反映出六要素算出的记忆度水平结果较为合理，可用于后文的分析研究。

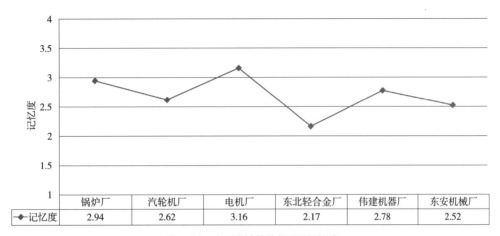

图 4-28 六要素计算的各工程记忆度

4.3.2 记忆度与人口学特征的关系

根据前文的调研结果可知，调查样本结构基本合理，可用于分析研究。

（1）城市记忆度与性别的关系。经过现场调研和后续的统计分析表明，156 项工程的城市记忆度和性别间并无直接的关系（图 4-29）。

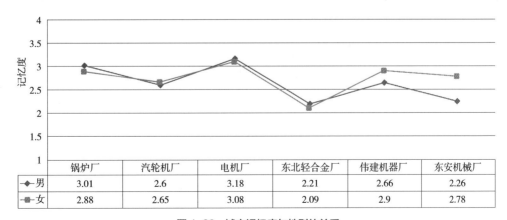

图 4-29 城市记忆度与性别的关系

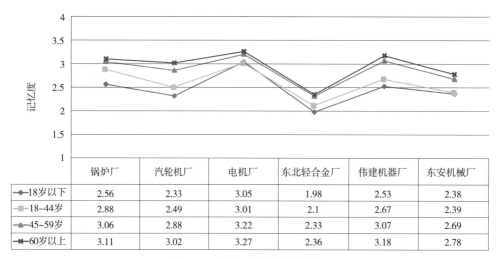

	锅炉厂	汽轮机厂	电机厂	东北轻合金厂	伟建机器厂	东安机械厂
18岁以下	2.56	2.33	3.05	1.98	2.53	2.38
18~44岁	2.88	2.49	3.01	2.1	2.67	2.39
45~59岁	3.06	2.88	3.22	2.33	3.07	2.69
60岁以上	3.11	3.02	3.27	2.36	3.18	2.78

图 4-30　城市记忆度与年龄的关系

（2）城市记忆度与年龄的关系。经过现场调研和后续的统计分析表明，156 项工程的城市记忆度和年龄呈现正相关性，即年龄越大对各工程的记忆度越高（图 4-30）。老年群体有着工业年代的记忆，人生阅历丰富，对相关记忆要素较为了解，而青少年对老工业基地的认识不足，出现了记忆断层。中老年是工业记忆的见证者，而青少年是工业记忆的延续者，为了传承城市记忆和历史文化，对青少年加强工业记忆宣传显得十分重要。

（3）城市记忆度与学历的关系。经过现场调研和后续的统计分析表明，156 项工程的城市记忆度和受教育程度并无直接的关系（图 4-31）。

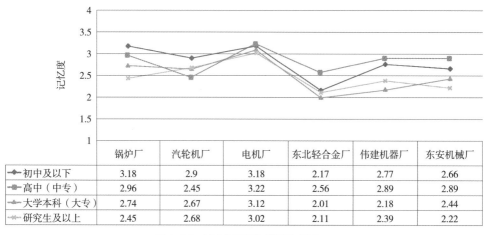

	锅炉厂	汽轮机厂	电机厂	东北轻合金厂	伟建机器厂	东安机械厂
初中及以下	3.18	2.9	3.18	2.17	2.77	2.66
高中（中专）	2.96	2.45	3.22	2.56	2.89	2.89
大学本科（大专）	2.74	2.67	3.12	2.01	2.18	2.44
研究生及以上	2.45	2.68	3.02	2.11	2.39	2.22

图 4-31　城市记忆度与学历的关系

4.3.3　记忆度与六要素的关系

（1）城市记忆度与记忆者了解程度的关系。经过现场调研和后续的统计分析表明，156 项工程的城市记忆度和记忆者了解程度呈正相关（图 4-32）。了解程度属于"自下而上"的主观因素，由被调查者本身的认知范畴和能力所决定，具有主观能动性，调查表明，厂区职工（家属）比非厂区职工（家属）对各项工程的了解程度要高。图 4-32 显示，记忆者了解的程度越高，其场所的记忆度也越高。

（2）城市记忆度与记忆者参与程度的关系。经过现场调研和后续的统计分析表明，156 项工程的城市记忆度和参与程度呈正相关（图 4-32）。参与程度属于"自下而上"的主观因素，参与程度越高，记忆度越高。调研中得知，哈尔滨电机厂厂门和围墙上的浮雕展现了工厂的历史，与人群间产生了互动，因此其记忆度较高；伟建机器厂（哈飞）常在周边社区和小学开展活动，可供记忆者体验和参与，因此其记忆度也较高。所以，可通过增强记忆者的参与程度来帮助记忆者感知场所的记忆。

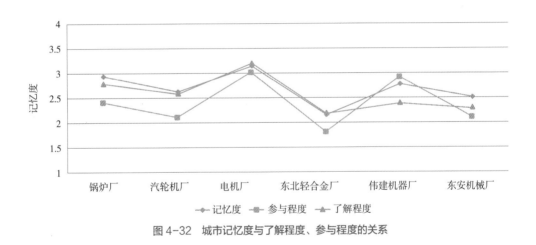

图 4-32　城市记忆度与了解程度、参与程度的关系

（3）城市记忆度与政府关注度的关系。经过现场调研和后续的统计分析表明，156 项工程的城市记忆度和政府的关注度有关系（图 4-33）。政府的关注度属于"自上而下"的主观因素，政府的关注越高，其记忆度越高。根据前文"自上而下"的城市记忆分析可知，政府对三大动力和伟建机器厂（哈飞）的关注度较高，在调研中发现这 4 个厂的记忆度也较高。因此，156 项工程未来的更新改造需要"自上而下"层面的关注和保护，同时要制订相关的管理措施。

（4）城市记忆度与宣传力度的关系。经过现场调研和后续的统计分析表明，156 项工程的城市记忆度和宣传力度呈正相关（图 4-33）。宣传力度属于"自上而下"的

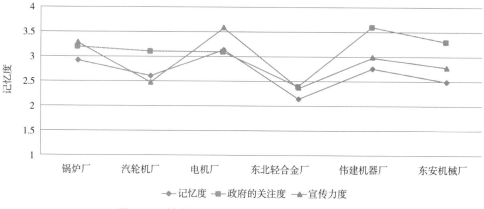

图 4-33　城市记忆度与政府关注度、宣传力度的关系

主观因素，宣传力度大则场所记忆度高。电机厂、伟建机器厂的宣传力度较大，其记忆度较高。因此加强宣传力度有助于工业记忆的延续。

（5）城市记忆度与空间环境开放度的关系。经过现场调研和后续的统计分析表明，156 项工程的城市记忆度和空间环境开放度呈正相关关系（图 4-34）。空间环境的开放度是客观因素，它将最直接地影响到人群能否获知工厂的信息，能否感知工厂的空间形态、建（构）筑物等记忆要素。空间开放程度越高，其场所的记忆度也越高。

（6）城市记忆度与交通可达程度的关系。经过现场调研和后续的统计分析表明，156 项工程的城市记忆度和交通可达程度具有正相关关系（图 4-34）。交通可达性较高的地方，其周围公交站点较多，且站点基本以工厂名称命名，一般处于城市中心或城市重要干道，可达性较好，其记忆度也较高。三大动力区的交通可达程度要优于平房区，因此三大动力的记忆度较平房区高。

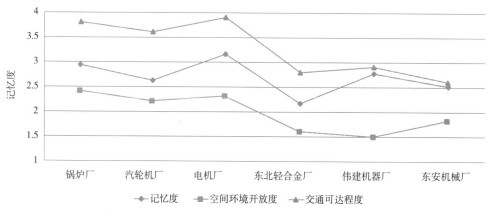

图 4-34　城市记忆度与空间环境开放度、交通可达程度的关系

4.4　城市记忆现存的问题

4.4.1　"自上而下"与"自下而上"的记忆断层

（1）"自上而下"的记忆断层。"自上而下"的官方机构（政府、规划部门、文保部门等）对工业遗存的价值和保护缺乏认识，工业文化长期被贬抑为落后的边缘文化，大量的工业遗存在城市化进程中消失，或被过度性商业开发，导致记忆危机。

（2）"自下而上"的记忆断层。哈尔滨许多企业单位社区人居环境质量差，缺乏人文品质，"自下而上"的民众为了追求更高的生活品质，搬离老旧的单位社区，造成原居住民流失，工业社区记忆碎片化，且不同年龄群体之间的记忆缺乏共鸣，工业记忆在年轻一辈当中的记忆感脆弱，城市记忆的代际传递薄弱，工业文化的地域感衰落。

（3）"自上而下"与"自下而上"的记忆认知主体缺乏互动。城市记忆认知主体的"故意忘却"加剧了记忆断层。不同主体对城市记忆的理解存在差异性，"自上而下"主体与"自下而上"主体由于对老工业基地关注点的不同而使记忆内容有区别。对于哈尔滨 156 项工程，其信息收集、重大政策、改造模式等大多以"自上而下"的方式推进，缺少"自下而上"基层群体的支持，这导致哈尔滨工业文化传承的片面性和失真性。而官方信息的不公开或公开不广泛，造成更多的普通民众很难知晓老工业基地的信息，这将加剧工业文化的边缘化。两方记忆认知主体之间长期缺乏互动，必将导致哈尔滨的工业记忆面临残忆、错忆、断忆、失忆的危机。

4.4.2　记忆储存方法的匮乏：不能记忆

目前，针对哈尔滨 156 项工程，缺乏系统性的普查，而且有近 1/3 的军工企业长期处于保密状态，与之相关的民用项目也处于半保密状态，相关资料没有得到很好的保存，呈现"不能记忆"的特征。因此抢救性地搜集和整理 156 项工程的历史资料，延续城市发展中的工业文化文明刻不容缓。

（1）记忆资料的匮乏。目前关于哈尔滨 156 项工程的文献资料基本为官方整理，较详细记载哈尔滨 13 项 156 项工程的只有各厂的官网和《"一五时期"哈尔滨国家重点工程项目的建设和发展》，这些资料偏重于对 13 项工程发展脉络的梳理，较少提及空间布局、建筑特征及其工业价值，而且 10 厂的厂志参差不齐，大部分工厂的厂志缺失。并且随着当时建设者们的逐渐老去，很多工业记忆也会悄无声息地消失，这会加剧城市工业记忆的时间断层。

（2）记忆对象的流失。随着城市化的快速发展，传统工业先后遭遇工业衰退和逆工业化过程，陷入困境。哈尔滨 156 项工程大部分工业基地面临搬迁的命运，保护意识匮乏造成的大拆大建，加速了记忆对象的流失。大量的工业历史建筑被随意改造甚至拆除，与之配套的居住也处于衰败状态，成为"棚户区"，老工业基地的环境遭到毁灭性的破坏。

4.4.3 记忆组织方法的缺失：不愿记忆

调查发现，哈尔滨工业遗存的记忆感弱，记忆要素缺乏有效组织，认知主体对工业遗存的价值缺乏共识，这都与认知主体"不愿记忆"具有相关性。

（1）相关规划的缺失。在上下两方认知主体的感知中，老工业是"落后""污染"的代名词，工业文化价值缺乏认同。由于缺乏兼顾历史文化价值和经济价值的城市规划引导和管制，哈尔滨老工业区的更新表现出较大的盲目性、片面性和功利性，许多更新改造存在城市记忆信息不明、城市记忆要素破碎的现象。现在的城市规划建设进入城市双修、存量发展的新时期，这对于在发展中被当作"负资产"的老工业遗存再生而言，是重大的机遇。

（2）评估系统的缺失。即使已经进行了不少工业遗存的改造项目，哈尔滨在其保护与利用的过程中依然缺乏系统性、专业性的评估手段。因为工业遗产的概念范畴不清、保护身份不明、审美特征争议及可能存在的污染和安全隐患问题，在城市化的"大拆大建"浪潮中，工业遗存往往成为城市遗产破坏最严重的区域。在老工业基地改造中，哪些保留哪些可拆，并没有相应的具体标准作为依据，有些虽被保留下来，但在改造中缺乏指标引导，改造的价值意义大打折扣。

（3）宣传手段的缺失。根据调查，公众对哈尔滨 156 项工程的记忆度非常低，这主要是因为他们缺少获取哈尔滨工业记忆的途径。少数对哈尔滨 156 项工程有记忆度的民众，主要是靠个人经历和口述流传来获取城市记忆要素，调查结果说明了以下几方面问题：一是哈尔滨 156 项工程的记忆衰败与被遗忘，二是媒体在工业遗存更新保护实践中的存在感和参与度很低，因此需要采取多方位的宣传手段来加强对工业文化的普及，从而延续哈尔滨的城市记忆。

4.4.4 记忆再现方法的割裂：不让记忆

哈尔滨 156 项工程在东北老工业基地搬迁的历史背景下迎来更多的改造机遇与发展选择，但在更新改造中，由于价值观念的缺失、社会主体的缺位、动力机制的不合理，使得老工业区在工业记忆再现的过程中，造成大量记忆对象消失和记忆信息的篡改，出现工业遗存"不让记忆"的局面。

（1）更新模式的粗暴。由于生搬硬套地进行效仿式建设，完全忽视哈尔滨自身发展阶段、资源条件和经济实力，老工业区的更新方式简单粗暴，成为以低洼灰色地段改造为目标的"空间置换"运动和以房地产为驱动力的"空间谋利"行为。①更新模式单一。哈尔滨已经进行了不少工业遗存的改造项目，更新模式多为博物馆或休闲公园，既有更新改造项目功能单一，缺乏创意，商业化气息浓重，存在建设同质化、产业功能弱、持续能力差等问题。②更新方式不当。从保护手法来看，多数更新改造只保留了场地内个别历史建筑，其他全部推倒重建，"孤立式"的保护未考虑与周边协调发展，如哈尔滨亚麻厂、车辆厂的改造；有些更新则抹掉或掩盖了原来的历史记忆信息，如汽轮机厂在大规模修缮中将建筑立面进行了违背本来面目的改变。因此哈尔滨 156 项工程如何因地制宜地更新，找到合适的更新模式刻不容缓。

（2）场所精神的迷失。场所精神迷失与空间供给匮乏直接相关。哈尔滨 156 项工程厂区和住区空间不仅仅是企业单位与职工生产生活场景的发生地，也是城市记忆的储存器，"场所感"正是来源于这些生产和生活空间。"自上而下"的大规模拆迁和"自下而上"盲目地追求"现代性"式的建设模式，忽略了城市发展的差异化需求，造成历史文脉和在地生活的破坏，生产生活空间的有机性与多样性不复存在，空间不再具有认同感和可识别性，场所精神失落加剧。

（3）社会关系网络的断裂。老工业基地原本是建立在"业缘"关系网络下的"熟人社会"，家园认同感强烈。但随着社会发展和变迁，老工业基地的衰败环境，如传统产业没落、社区设施缺乏、公共空间不足等，让越来越多的民众产生逃离的想法，老工业基地的发展活力日趋下降，逐渐成为"历史包袱"。越来越多的年轻人不愿意留在这里，老工业基地的人口结构发生变化，人口的流动让原有的社会人际关系网络破碎，居民之间的联系变淡，社区的凝聚作用和工业文化的延续性减弱，社会隔离加剧。

策·略·篇

第5章 哈尔滨156项工程城市记忆的延续策略

5.1 城市记忆延续的目标和原则

5.1.1 延续的目标

1. 振兴工业经济，延续工业历史

东北老工业基地更新改造的首要目的就是振兴东北的工业经济，延续工业历史。一方面，在新型工业化的背景下，伴随城市规划的推进和产业布局规划的调整，部分传统老工业企业已腾退出在城市化发展过程中位于中心区的原有工业用地，转战到城市较边缘地带的新型工业园区发展，一大批新型工业园区正在逐步建设形成，整合工业资源、优化用地布局、推进循环经济，将为东北的工业振兴注入新的活力。另一方面，在老工业基地搬迁改造的浪潮中，通过改造设计，将具有保留价值的工业建构筑物与城市景观相融合，并重点向第三产业转型，能够为腾退片区提供新的就业岗位，缓解社会矛盾，推动产业结构升级，创造新的经济增长点，通过将老工业片改造为新型工业片区、文化片区和生态片区，来延续场所的工业历史记忆。

2. 延续城市记忆，增强文化自信

东北老工业基地在搬迁改造过程中还面临着许多问题。首先，对老工业区的改造模式单一，并未充分考虑工业区所处的背景和社会条件，搬迁改造缺乏系统性、整体性的规划，其未来发展方向模糊，发展前途尚不明朗；其次，政府部门在老工业区改造过程中对城市文脉的延续不够重视，寻找保护工业城市记忆和追求经济利益之间的平衡点时往往更倾向于追求经济利益最大化，导致场所脱离原貌，失去了原有的肌理，割裂了工业文脉。对于东北老工业基地来说，工业，一直以来就是东北城市发展的重要支撑，但目前对于其遗产价值的功能还不够重视，工业记忆出现年龄断层和阶级断层的现象，政府和民众对工业遗产的认识及保护意识还有待强化，所以要充分挖掘和

保护东北老工业基地的工业资源，重视老工业片区在更新改造进程中对重要物质型记忆要素和非物质型记忆要素的保护，以增强文化自信。

3. 挖掘地域特色，展现时代风貌

对于工业遗存来说，"一五"时期的工业项目奠定了国家工业化初步的基础，为中华人民共和国的经济腾飞作出重要贡献，具有鲜明的时代特色；东北地区是我国重要的工业基地，是中华人民共和国工业的摇篮，东北老工业基地具有独特的地域特征。因此，保护东北老工业基地的156项工程，就是在保护东北城市工业发展历史中空间维度的地域特色和时间维度的时代风貌。哈尔滨是典型的东北老工业基地核心城市，工业文化是其城市特色不可或缺的一项标签，但这项特色标签却不被重视，因此要加强保护哈尔滨的工业遗存，挖掘其工业地域特色，展现城市发展的时代风貌和地域风情。

4. 协调多重主体，达到利益共赢

城市的发展始终不能脱离社会这个重要的基础，城市设计只有代表了城市整体利益与公共利益，并在设计中达成多重利益主体的互动，才能获得广泛的社会认同，才能使得工业遗存的保护和城市文脉的延续得到全社会的关注，从而使城市变得更具活力和发展力。当然不同的社会价值体系，如官方—民间、特殊—普通、学术—"市井"等之间不可避免地会存在差异，此时就需要设计者运用各种设计手段，尽可能地使利益主体之间达成公平对话。在哈尔滨市工业遗存的更新改造中，应当采取科学的手段，采取多样化的更新与保护方式，达到多重主体之间有效沟通，保障多重利益主体的协调，从而使经济效益、文化效益、社会效益等取得共赢发展。

5.1.2　延续的原则

1. 整体性原则

城市记忆具有整体性的特征。城市记忆时间上的连续性，要由空间上的完整性来对应，以保持城市的文脉延续。城市文脉的延续是针对整个城市的文脉延续，这就决定了工业遗存的更新保护要站在城市整体的空间环境意义上研究，以防文脉割裂，表现在以下几点：其一，在服从上位规划的前提下合理进行规划，保证在遵循城市总体规划或区域规划基础上对工业遗存改造再利用，尽量实现科学化和合理化，在充分研究地段空间模式和城市结构形态的基础上进行改造规划设计。其二，坚持整体协调，达到利益共赢，在改造中要充分体现工业项目的经济、文化、社会价值，对项目的历史沿革、建筑风貌、空间结构、外部环境及人文典故等进行精心挖掘，既要保护物质型遗存，也要保护非物质方面的遗存，强调记忆要素的完整。

2. 人性化原则

现代城市规划的主要思想之一就是强调人是城市的主体，要求突出人的主体地位。城市记忆是集体记忆的一种，是整个共同体而非个人的记忆，因此延续城市记忆的工业更新改造必须关注记忆群体的情感和心理需求。在东北老工业基地的更新保护中要充分体现以人为本，表现在以下几点：其一，更新保护的目标要关注民生问题，目前企业单位大院中的居民多为低收入人群，如何在更新改造中关注居民多样化的需求，改善民生和公共环境，突出对人性的关怀，是必须解决的问题。其二，更新保护的过程应以人为本，从方案的确立、公示、实施及后续的维护都要确保公众参与。其三，更新保护的结果应体现可参与性和共享性，工业厂区和住区作为曾经普通工人生产、生活的场所，更新改造的结果不应只被个别群体独享，应保证其公共属性。

3. 多元化原则

东北老工业基地的更新保护有多种方法，应根据具体情况采取灵活多样的改造方式，表现在以下几点：其一，多元化的表现语汇，城市记忆要素的主要作用是具有隐喻和象征意义，在记忆要素的表现过程中应尽可能多元化，既可以直接地保留历史建筑或历史片段，也可以对其特点抽象化、符号化，间接传达历史信息，增强工业遗存的可识别性。其二，哈尔滨拥有众多亟待更新改造的工业遗存，由于数量众多，需要合理考虑其功能置换，改造为不同的模式，同时可考虑功能复合，将不同类型的功能组织在一起，同时提高被改造厂区和住区的使用效益，与周围片区的公共服务和相关配套相衔接，从而保持街区繁荣与活力，提高土地的使用效益。

4. 因地制宜原则

工业遗产保护是城市遗产保护的一种，是对重要的城市特色和历史印记的珍视和选择。东北老工业基地由于地理位置和历史原因，其工业特征具有独特的地域性，因此其更新保护要因地制宜，根据东北地域的特色，充分挖掘厂区优点，激发厂区潜力，从而培育乡土社会认同，防止"千厂一面"。此外，在老工业基地的更新改造中，要结合每个城市或区域自身的特点，适当加入本土文化的元素或语言。从细化到具体项目的角度而言，应着力于挖掘项目本身最突出的特点，如建筑本体或其与周边环境的关系，这样，项目的更新改造才能更具针对性，才能让其再利用时更具生命力和价值，也有利于进一步带动整个街区或区域的复兴，进而促进城市协调、均衡发展。

5. 可持续原则

把工业遗存当作文物"供奉"起来不是最好的守护城市记忆和工业乡愁的方式，将工业遗存再利用起来并且利用好，才能实现历史遗存的生命再造，保持城市的可持续发展。工业遗存的可持续发展应注意以下几点：其一，尊重原有建筑，新旧建筑共生，在更新改造中要尽量保持原有重要建筑物结构特征和建筑形式的完整性，保持历史文脉的延续，新建、扩建的建筑应与原有建筑协调并和周边环境融合。其二，绿色设计，生态优先，工业不可避免地会对生态环境造成不良影响，如土壤污染、水污染等，因此在工业更新改造中要优先进行环境评估，考虑"生态修复"，其次运用绿色节能技术对建筑物进行改造，完善已有绿化空间和生态结构，保护营造良好的生态环境，倡导自然和谐，构筑可持续生态格局。

5.2　城市记忆系统解析

5.2.1　记忆系统要素梳理

有形的物质型记忆要素和无形的非物质型记忆要素共同构成了哈尔滨 156 项工程的城市记忆系统（图 5-1）。延续哈尔滨老工业的记忆，就需要将记忆系统中的记忆要素梳理清楚，从而才能根据记忆要素来思考记忆的内容及记忆方式。

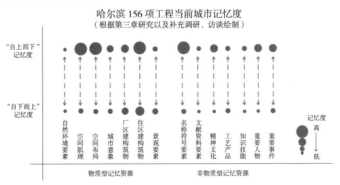

图 5-1　城市记忆系统——哈尔滨 156 项工程城市记忆要素梳理

5.2.2 记忆系统意象构建

城市意象是有形和无形的记忆要素构建出来的人群对于城市物理空间及文化内涵的综合印象。建立工业城市特色意象将有助于加强城市工业文化特征，延续城市记忆。156 项工程具有特殊性，其保密性和封闭性导致 156 项工程的厂区环境具有"排他性"，非内部人员很难窥探其空间环境特征。针对 156 项工程所体现出的较为封闭和隐秘的整体环境特征，结合现场调研，从工业空间连续性的体现和工业文化的延续性感知角度对 156 项工程的特色意象进行组织梳理和策略研究。

（1）路径。路径主要指工业遗存内外的交通流线，内部流线指的是工厂停产改造之前，厂区内部较完整的生产流程和空间走向流线；外部流线指的是工厂对外的交通及与周边组团的交通联系。对于工业遗存更新来说，"路径"意象可以塑造成为体验式的线路，主要是指在原有交通流线的基础上加以设计，串联起有价值的工业建筑、工业构筑、工业景观等，做好人行流线和视觉通廊之间的联系。这条路径的塑造可以充分参考生产工艺的流线，通过加入坡道、空中走廊、慢行步道等设计手段，将新路径与原有路径融合，通过移步换景，讲述场所原有记忆空间，同时建构新的叙事空间。

（2）边界。边界主要指形成工业遗存封闭性的设施，如厂门、围墙、入口办公建筑群、周边隔离绿化、铁轨等，这些边界设施是工厂在封闭期与外部空间交流的窗口，是人群获知工厂印象的第一媒介。对于工业遗存更新来说，"边界"意象可以塑造成为特色入口或是"门面"。在未来的更新中，工厂由封闭走向开放成为必然，这些边界设施可以选择性地保留片段，从而打破厂区的封闭隔阂，同时这些边界要素可以通过创意设计，成为连接不同功能分区和空间类型的媒介。

（3）区域。区域主要指工业遗存不同的功能分区，如生产区、居住区、办公区、运输区及与工业遗存相邻的城市功能片区。对于工业遗存更新来说，"区域"意象主要是形成和谐的外部场所，使得老工业空间肌理与城市肌理产生关联，消除"孤立性""排他性"，主要是通过适当拆出一些价值不高的建筑或改造公共空间来营造新的连场链接场所，衔接新旧空间之间的杂乱与无趣。对于 156 项工业遗存群来说，可以通过区域层面的城市设计来将风貌和尺度感延续。

（4）节点。节点主要指工业遗存不同的空间类型，如大跨度的厂房、办公建筑、仓库、开敞空间等。对于工业遗存更新来说，"节点"意象可以再利用成为不同的空间类型，形成特色化不同主题的体验式单元。对于同一类型的空间，常常通过整体性的建筑风格塑造、统一的产业模式、相似的空间密度组合或围合核心广场等方式来突出组团感，形成体验单元。

（5）标志物。标志物主要指工业遗存中特色的建筑物、雕塑，以及厂区中能被大多数厂外人群视觉感知的高耸烟囱、水塔等。对于工业遗存更新来说，"标志物"意象可以更新成为空间的引导和主导物，不仅仅起到景观作用，也起到方向指引的作用，可以围绕标志物形成开敞广场或特色路径空间，奠定其作为厂区文化符号的意义，使其成为工厂的"引人注目"的名片。

5.2.3　记忆系统的延续思路

本书从城市记忆的建构过程对 156 项工程的更新与保护思路进行分析。城市记忆的建构过程包括储存、组织和再现三个阶段，根据城市记忆的建构过程思考 156 项工程的更新与保护，应考虑在具体实践过程中储存哪些城市记忆要素、如何组织城市记忆要素，如何再现城市记忆要素所反映的历史情景。城市记忆的储存是指对相关记忆载体的保护、保存及积累；城市记忆的组织是指整合相关记忆要素，对各个记忆要素的处理作出合理的安排，使得相关城市记忆得到延续；城市记忆的再现是指通过历史遗存保护、历史情景复原、文化意象提炼、景观气氛烘托等手法对建筑空间、雕塑小品、景观绿化以及相关非物质遗产进行合理的安排，使人们能够身在其中，感受历史的延续，追忆相关城市记忆，其思路框架如图 5-2 所示。

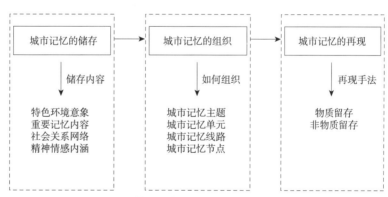

图 5-2　基于城市记忆延续的更新与保护思路

1. 城市记忆的储存

城市记忆的积累长期而缓慢，是历史储存、文化沉淀的成果。大规模的更新改造将对 156 项工程的城市记忆产生巨大的影响，有可能是对相关城市记忆产生不可逆转地破坏性清除。对哈尔滨市 156 项工程进行更新与保护必须对重要的城市记忆进行储存。概括起来，主要包括对特色空间意象、重要记忆内容、社会关系网络以及精神情感内涵的储存和保护。

（1）延续特色环境意象。特色环境意象是指城市居民对企业空间环境的独特印象，是对工厂物质空间环境感知而建立起的心理图式，对特色空间环境意象的保存有助于城市记忆的延续。156 项工程作为一种特殊的空间组织形式，具有一定的封闭性，"非内部"人士难以了解其内部空间特征，普通市民大多以高耸的烟囱、大体量的水塔、入口广场、入口办公建筑群、特色围墙、周边植物绿化等标志性景观、公共空间或空间边界构建起企业单位大院的特色环境意象。所以，企业单位大院意象要素可划分为共性意象和个性意象，共性意象为边界、入口、标志物，个性意象可能包括道路、特色风貌片区等。在 156 项工程更新改造前，对特色环境意象的保持与把握是延续相关城市记忆的首要前提，在更新改造过程中，应注意共性意象要素的处理，并对个性意象进行深入的调查访问，得出市民在认知某个或某些企业单位大院的具体意象要素，用于指导后续城市设计的顺利进行。

（2）保护重要记忆内容。对于目前 156 项工程依旧保留的记忆载体应妥善保存。具体可以包括历史建筑、重要的公共空间、具有历史记忆的生产设备和物品物件等，这些记忆载体具有时代性的特殊意义，一旦在更新保护中被毁坏就难以再得到复原，应在更新过程中积极地保护。筛选 156 项工程重要的记忆内容，以时代烙印、生产工作、大院生活为记忆线索，从建设及兴盛、衰退、振兴这三个主要阶段对企业单位大院的历史记忆进行梳理，保护各个阶段具有代表性的记忆内容。这些记忆内容在企业单位大院的更新改造中可以起到关键的作用，可结合设计发挥触媒效应，更好地实现老工业区的活力再生以及塑造符合时代特色、地域特色的场所精神（表 5-1）。

哈尔滨156工程城市记忆的保护内容建议   表5-1

记忆线索	阶段划分			重点保护内容
	建设及兴盛	衰退	振兴	
时代烙印	苏联援建南厂北迁	落后衰退	产业升级	重点延续建设及兴盛阶段的记忆，包括苏联援建、南厂北迁等重大历史事件；应展示衰落时期的困境，对企业破产、工人下岗等时代创伤进行反思惊醒及教育；展现哈尔滨市在新时期的振兴发展态势
生产工作	艰苦创业	发展困境	科技进步	重点延续哈尔滨市在工业发展历史上的重大科技突破和工业精神及文化，如各类"第一名号"、劳动模范、先进工人组队、工人精神等
大院生活	集体生活	逐渐瓦解	老旧社区	重点延续企业单位大院在建设及兴盛阶段工人群众的生活情景，展现工人生活面貌在几十年间的变化

（3）留存社会关系网络。企业单位大院以封闭式的社会组织方式，构成了一个一定程度上自给自足的小社会，内部职工在同吃同住同生活的环境下，形成了一种以单

位为纽带的社会关系网络。这种社会关系网络和企业单位大院的物质空间环境相适应，是企业单位大院城市记忆存在的重要基础。这种以"业缘"为纽带的生产生活方式在市场经济改革后逐渐瓦解，但目前哈尔滨市仍然存在部分未被拆除的工人住宅街坊，住区内的居民虽然身份已杂化，但仍然有许多留守的老职工住户。在进行企业单位大院更新改造时，也应考虑留存原有的社会关系网络，探寻以共赢的方式共同参与更新改造。如沈阳工人村生活馆周边未被改造为博物馆的部分仍然作为住宅使用，虽然现今居住在里面的居民不完全是曾经的工人职工，但是这种生活氛围的维持使得工人村生活馆周边依然保留着苏式街坊的生活气息，展馆内的城市记忆和展馆周边的当今生活景象相互呼应，这种社会关系网络及生活情景的留存，值得学习和借鉴。

（4）挖掘精神情感内涵。156 项工程的厂区与住区作为生产生活的空间场所，在历史变迁中承载了许多城市记忆，蕴含了不少值得称道的精神及情感内涵。"蚂蚁啃骨头""时间的主人""工匠精神""传帮带"等工人精神的内涵价值应发扬光大。另外，曾经的大院生活给许多市民带来了不可忘却的回忆，熟人社会里的邻里交往形成了"单位人"独有的"单位情结"，围合式的空间组织形式、苏式风格的建筑形态、计划经济时期的日常生活场景，这些维系"单位人"个人情感的生活场景都值得保护和开发，成为展示、怀念、追忆的怀旧场所。

2. 城市记忆的组织

城市记忆的组织是指对企业单位大院的发展历程进行梳理，应从区位条件、资源独特性、品牌知名度等角度出发，把握哈尔滨市 156 项工程城市记忆的记忆主题、记忆单元、记忆线路等内容（图 5-3），用以指导 156 项工程的更新与保护行动。

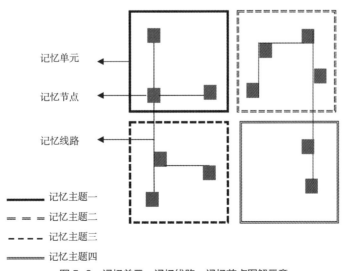

图 5-3　记忆单元、记忆线路、记忆节点图解示意

（1）城市记忆主题。明确记忆主题有助于 156 项工程在整个城市的集体记忆中强化自身特色，目的是通过提炼哈尔滨市 156 项工程的特色记忆要素，将其打造为一项文化资源。从知名企业的角度来说，"三大动力""十大军工""工具城""焊接城""啤酒城"等是哈尔滨市工业企业集体记忆的关键词，从历史发展角度来说，可以是"苏联援建""民族自立""自主创新""老工业基地振兴"等关键词，从精神文化层面来说，可以是"蚂蚁啃骨头""时间的主人"等关键词。

（2）城市记忆单元。城市记忆单元是指城市内部以某一类城市记忆为主的城市片区，在某个记忆线索的串联下，城市环境的关联性较强，城市记忆的主题性较为显著，如哈尔滨市中华巴洛克商业街区、香坊工业区等。哈尔滨市工业企业大体呈片状分布，形成城市老工业片区。哈尔滨市目前对工业遗产的保护仍然停留在车间、厂房、工业设备等层面上，并没有形成整体性保护的理念。以记忆单元的视角来看待工业企业，应将其纳入哈尔滨市整体的工业主题记忆单元进行记忆组织，结合哈尔滨市香坊区、平房区等老工业城市片区进行特色强化。在这个过程中，应重视整体工业文化氛围及记忆情景的打造，既要重视相关历史遗迹的保护，又要强调遗迹与周边环境的整体协调，保护的范围不能仅停留在个别重要的遗迹或历史建筑上，避免形成孤立的保护点而与周边城市环境缺乏对话和联系。城市记忆单元的划分应综合参照记忆主题划分、城区范围、工业园区范围、搬迁改造范围等既定划分边界，规模大小可以灵活控制，如"动力主题单元""军工主题单元"等。

（3）城市记忆线路。记忆线路是指串联起重要历史遗迹的文化追忆旅游线路。在哈尔滨市 156 项工程的更新与保护进程中，应组织主题文化追忆线路，结合其他类型的工业遗产，将重要工业遗产景观点连接起来。哈尔滨市曾提出打造"动力之乡""平房工业区"两条工业旅游线路，但这两条工业旅游线路并未得到较好的发展，在未来应结合工业企业的更新保护进行开发，并拓展"一五"主题、苏联援建主题、军工主题、啤酒音乐主题等追忆旅游线路。另外，记忆线路的内涵不仅仅是指工业主题旅游线路，还需要结合工业文化大道等街道风貌控制，打造具有工业文化特色的街道景观。如哈尔滨市香坊区的三大动力、油坊街等，这些城市道路与工业文化紧密相连，但目前街道设计并未充分体现工业文化特色，目前在三大动力街道沿线有企业自发设置的浮雕墙街道景观，但未成系统。重庆九龙坡杨九路被打造为工业文化街，在人行道两侧采用雕塑、工业主题座椅和文字说明的形式介绍重庆的工业发展历史。哈尔滨市可借鉴重庆杨九路的建设经验，将三大动力路、油坊街打造为工业主题文化街，对街道景观小品、街道家具进行统一的规划设计，设置工业风格的路灯、垃圾桶、景观小品、休闲座椅、邮筒等设施，另外还可以设计涂鸦墙、工业艺术手绘墙、老物件展示橱窗等烘托道路工业文化氛围。

（4）城市记忆节点。城市记忆节点即记忆单元及记忆线路上重要的追忆点。156项工程在更新改造中必须延续自身特色，保护重要的历史遗迹，避免更新改造与周边城市呈现同质化的趋势，积极创造公共空间，才有可能成为记忆节点。另外，城市记忆节点的打造应注重其公共属性、可辨识性以及可体验性。首先是公共属性，延续城市记忆的更新改造理念需要保障记忆节点服务于集体市民的先决条件，应保障其公共产品的属性，决不能划为私有财产；其次是记忆节点的可辨识性，在调研过程中出现了保留遗迹但未延续城市记忆的现象，在进一步的访谈过程中我们了解到许多市民在经过工业历史遗存的时候并不会过多注意历史建筑标识牌，辨识度较低。哈尔滨市索菲亚教堂等知名度高、标志性强的历史遗迹较为容易被辨识，这些历史遗迹首先在形态上就较为突出，具有较好的景观性，其历史价值被大众所了解，有较高的曝光度和宣传度。相对而言，156 项工程的历史遗存存在时间较短，其历史价值还未被充分认识，应在更新改造中强化其辨识度，通过周边景观设计、灯光设计、特色标识牌设计等将其打造为标志性空间节点。最后是可体验性，历史遗存的可体验性有助于促进历史遗存与市民的互动，提升可辨识度并形成新的城市记忆，如在索菲亚广场体验喂食鸽子已经成为一个观光索菲亚教堂的特色景点，这种互动有助于给市民留下深刻的记忆印象。

3. 城市记忆的再现

156 项工程更新与保护过程中的记忆再现是指对具体的城市记忆要素针对其各自的等级、特性和与周边环境的关系进行有针对性的设计，形成具有哈尔滨市本土风格、延续城市工业文化、有利于城市记忆延续的城市空间及文化氛围。具体的再现手法可以从物质留存和非物质留存两个层面来说明。

（1）物质留存。物质留存是指对工业企业的文保单位、历史建筑、特色建（构）筑物、珍贵工业设备、空间肌理、照片、档案等物质遗存的保护，主要针对物质记忆载体，是延续城市记忆最为直接的手段。物质留存的具体手法包括整体留存、局部留存、碎片留存等方式，对应的设计方法包括保留修复、复原重建、改扩建及再利用等（表 5-2）。

（2）非物质留存。非物质留存是指对 156 项工程的历史记忆以一种非物质的形式进行留存与保护，除了针对非物质要素之外，也可以透过实体的形式进行表达，重在把握空间场所的精神内涵，以更为灵活、发散的形式延续历史。非物质留存包括形态留存、功能留存、名号留存、技艺留存等方式，对应的设计方法包括符号提取、形式语言提炼、体量控制等内容（表 5-3）。

物质留存设计方法　　表5-2

物质留存	设计方法	留存特征	涉及要素
整体留存	保留修复、复原重建	较大程度地保留遗迹，较好地延续历史记忆，但实施难度较大，可针对核心、珍贵的记忆要素采用	肌理、建筑实体、构筑物、工业设备、原生植物、景观小品、珍贵档案、照片等物质记忆要素
局部留存	保留、改扩建	较为普遍的留存方式，新建部分要注重和保留部分的呼应	
碎片留存	保留、再利用	对于难以留存的物质要素可以采取碎片留存的方式，将局部构件保留再利用，嵌入新的实体中，形成独特的记忆要素	

非物质留存设计方法　　表5-3

非物质留存	设计方法	留存特征	涉及要素
形态留存	符号提取、形式语言提炼、体量控制	可以从多角度进行延续实践，如肌理延续、建筑形式、街坊围合形式、公共空间布局等，要注重对企业单位大院空间形式语言的提炼、概括以及对装饰符号的提取等，对建筑体量进行合理控制	空间形态关系、生活场景、生产记忆等非物质记忆要素
功能留存	功能延续、提升	从功能的角度延续市民熟悉的城市环境，对公共空间、夜市商业街等进行保留，延续具有特色的生活场景	
名号留存	承袭老字号、路名、街巷名称	加强老字号的承袭，如仁昌铁工厂等，另外对具有工业特色的路名、街巷名、公交站点应考虑给予保留	
技艺留存	工艺流程展示	对哈尔滨啤酒等特色产业的工艺流程进行展示宣传，形成企业参观日等宣传性观光项目	

5.2.4　记忆系统的建构流程

（1）认知主体对城市记忆的引导。"自上而下"和"自下而上"的主体对老工业基地的关注点不同，两方主体的讨论对工业记忆起到了积极作用，主要包括两方面：①记忆要素的拓展，"自上而下"主体和"自下而上"主体挖掘老工业基地记忆信息的方式和途径不同，两方主体对记忆要素的挖掘可以互补，唤醒被忽视的记忆素材，使得工业记忆的要素更加丰富。②群体记忆的强化，两方主体对老工业基地保护意识的觉醒和"文化抢救"活动（如政府出台的老工业基地改造规划，自媒体平台的"保育"行为），使得个人对老工业基地的情感得到深化，群体的文化记忆被塑造。

（2）记忆延续需要多元化的文化观。当下"自下而上"的群体对老工业基地文化的态度基本趋向于"无条件保留"，这部分群体既包括新闻媒体，也包括广大民众；"自上而下"的群体对老工业基地的态度正逐步由"抗议"转变为"思考"，但也仅仅停留在意识上的"保"，而无实际行动的"护"。在对老工业基地的更新改造中，不应采取"一刀切"的方式,单一的"保留"也是不作为的表现,应当结合城市发展现状和未来空间发展的诉求,不断探索工业文化的新出路和城市记忆地域化、现代化、科学化地表达,这对于工业文化的深化发展和城市记忆的延续具有非常重要的意义。

当前东北城市产业正在"退二进三"的转型期,在新型城镇化背景下,城市空间的发展从外拓增长到内涵挖掘,城市更新从粗放到精细,这些都给工业遗存的再利用提供了重要的发展基础。随着官方工业遗产保护意识的加强和公众文化意识的逐渐觉醒,讨论老工业基地更新改造的声音越来越多,下一步应重点关注如何将这些声音转化为延续城市记忆的有效手段。

前文叙述,城市记忆的延续过程主要包括储存、组织和再现三个阶段。针对哈尔滨的 156 项工程,城市记忆的延续包括"自上而下"的城市记忆延续和"自下而上"的城市记忆延续,其延续的流程框架如图 5-4 所示。城市记忆的储存是对相关城市记忆客体信息及记忆载体的保存、积累和保护,包括"自上而下"的遗产评价系统构建和"自下而上"的城市记忆共享众筹;城市记忆的组织是对各记忆要素作出合理的安排,整合相关记忆要素,包括"自上而下"的工业记忆体系规划和"自下而上"的多元媒体文化宣传;城市记忆的再现是指通过各种手段对工业遗存进行合理安排,追忆相关城市记忆,再现历史文化,包括"自上而下"的场所精神表达重构和"自下而上"的社会关系网络延续。

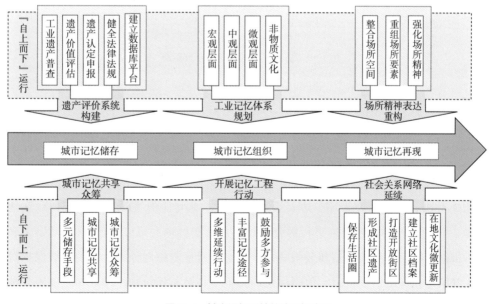

图 5-4　城市记忆延续的流程概念图

5.3 "自上而下"的城市记忆延续策略

5.3.1 城市记忆储存：遗产评价系统构建

（1）工业遗产的普查。城市的发展需要空间，不可能将有价值的工业建筑全部保留，也不能让工厂停产来保护建筑，因此要尽快对哈尔滨市内的工业遗存进行一次科学化、全面化、系统化地普查。工业遗存的普查，应重点从以下四方面入手：第一，通过阅读文献资料的方式，从整体上把握城市的发展脉络；第二，根据收集、整理的相关资料，确定普查的范围；第三，对历史信息以时间序列为线索进行分层，明确各区域、各地块的典型文化特征；最后，为避免工业遗产的泛化，加强工业遗产的评估，尽快将价值突出、意义重大的遗存公布为相应级别的文物保护单位，确保其今后能得到科学的保护与发展（图 5-5）。普查中要重点关注有搬迁改造计划的工厂，做好对特色建筑物、珍贵工业设备等物质记忆资源及工业文化精神等非物质记忆资源的登记。

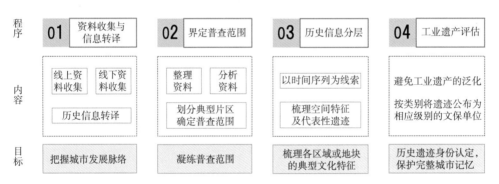

图 5-5　工业遗产的普查方法工作框图

（2）工业遗产的价值评估。如何正确认识工业遗存的价值，如何认定工业遗存的身份，哪些工业遗存可以升华成为工业遗产？这就需要建立一个科学、系统的价值评估系统，从历史价值、社会价值、科技价值、艺术价值、文化价值以及经济价值和存量发展、可持续性发展等方面进行充分调研、评估，并针对生产技术手段、工业生产线、产品品牌等环节进行甄别和判断，并与历史文献、档案资料、实地踏勘、访谈问卷等结合起来进行综合评价。评估指标体系可以借助 AHP 模型来表达，根据科学、系统的评估和分析结果，将工业遗存资源划分为不同的等级保护对象，并制定相应的保护对策。值得注意的是不可将诸如建筑物、设施和设备等多种元素分割评估，而应关注厂区历史生产的逻辑性和整体空间关系。同时建议将哈尔滨 156 项工程作为整体来参评。

（3）工业遗产的认定申报。为贯彻落实十九大关于加强文化遗产保护传承的决策，推动工业遗产保护和利用,根据《关于推进工业文化发展的指导意见》（2016 年）和《关于开展国家工业遗产认定试点申报工作的通知》（2017 年），2017 年底确定了第一批国家工业遗产名单。2018 年 3 月底，第二批国家工业遗产认定申报工作开始启动，申报范围包括 1980 年前建成的矿区、厂房、车间等生产设施以及其他配套的社会活动场所；应符合"工业特色鲜明、工业文化价值突出、遗产主体保存状况良好、产权关系明晰"等条件。哈尔滨作为特色老工业城市，要抓住历史机遇，配备专业人员，积极开展区域内国家工业遗产的认定申报工作。

（4）建立健全相关的法律法规体系。由于我国国情复杂，各地域的工业文化遗产有各自的特征。因此各地工业文化遗产的保护原则、保护范围和评估标准应因地制宜确定,而这一切的基础是要有完备的法律体系。在这个过程中应学习无锡、上海、武汉等城市，制定地方法律法规，如无锡市于 2007 年颁布的《无锡市工业遗产普查及认定办法（试行）》、上海市于 2009 年颁布的《工业遗产保护监测技术规范》等。虽然，目前哈尔滨市已制定了《哈尔滨市历史文化名城保护条例》（2010 年）等相关法律法规，但应对 156 项工程等相关现代工业遗产加强关注，加强对工业遗存更新改造的政策引导。其中最重要的保护方式是将工业遗产保护纳入法定规划体系中，将其作为旧城更新管理与审批和城市规划的参考项。控制性详细规划分为法定文件和指导文件，是规划管理的直接依据。其中，法定文件中的历史保护法定线，即"紫线"，可对重要遗迹的保护范围与建设控制地带进行强制性保护；而指导性文件则是具体地列出了有关历史保护的内容。针对哈尔滨市 156 项工程，本书建议尽快将意义突出、价值重大的工业厂区、住区、重要建筑物纳入紫线管理范畴，并在引导性文件中增加包括年代、区位、历史特征等已消失遗迹的信息，鼓励规划设计人员参与到文脉保护中来，创造有记忆的城市空间。

（5）建立数据库技术平台。随着地理信息和大数据技术的普及，加快构建城市记忆数据库，通过对哈尔滨工业遗存记忆碎片（专家访谈，文献回顾，理清城市记忆时间脉络——现场踏勘，摸清城市记忆客体资源现状——主体认知调查，搜集城市记忆规划的重点对象）整理，将文献、访谈、踏勘、调查等搜集到的信息录入，同时也将规划方案录入整理，形成城市记忆数据库。数据资料的采集获取主要是测绘部门发布的 DWG 格式的现状地形图，需要重新梳理图层要素，将 CAD 转换为 GIS 要素；此外，还需要大量实地调研和测绘的数据，与网络获取的电子地图信息进行更新校对（图 5-6）。数据资料的录入需要借助 GIS 技术，以便准确记录和直观地

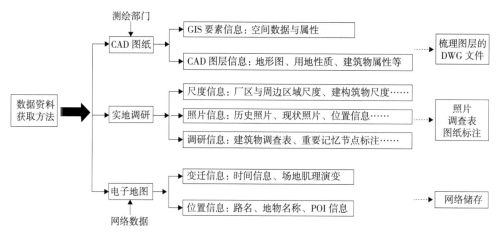

图 5-6　城市记忆数据库：数据采集技术框架

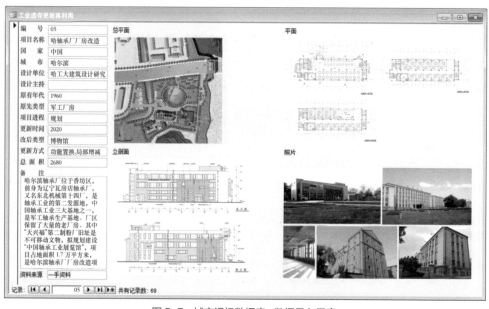

图 5-7　城市记忆数据库：数据录入示意

再现遗迹的空间位置信息，并把各种属性信息有序存储，为后期修复和再利用提供有力的数据分析支撑，用于保护和更新方案设计（图 5-7）。

5.3.2　城市记忆组织：工业记忆体系规划

城市记忆的组织，以企业（厂区）为基本单元整合保护要素，建立宏中微观的物质文化保护层次，兼顾考虑非物质文化的保护，构建系统的工业记忆体系规划（图 5-8）。

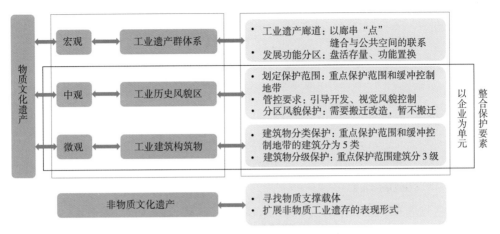

图 5-8　工业记忆体系规划概念图

1. 宏观层面

突出构建哈尔滨 156 项工程工业遗产群保护体系，以工业遗产廊道和发展功能分区，从区域尺度融入城市发展框架。

（1）战略把握。从总体层面加强对新时期城市发展战略的认识，促进新老城区统筹发展，在"北跃、南拓、中兴"等战略目标指导下，在香坊区老工业基地搬迁改造和哈南工业新城建设的背景下，建议将包含有 156 项工程的工业遗产保护纳入哈尔滨的文物事业规划、国民经济和社会发展规划以及城市总体规划，开展跨区域"一五"时期工业遗产保护利用资源整合，协作联动，形成整体的景观资源和保护效应。

（2）工业遗产廊道。传统的保护工业遗产的方式是对建筑单体、遗迹单体进行保护，视角比较窄。现今学术领域对工业遗产研究的热点是进行大遗产、线性遗产和文化线路的保护，如整体性保护工业景观，对工业遗产廊道和大尺度、跨区域的文化线路进行整体研究。这一趋势揭示了工业遗产保护从静态到动态、从孤立到整体、从"树木"到"森林"的发展趋势。从哈尔滨 156 项工程的分布上看，工厂的分布相对集中且区域位置优越，便于成点、成线、成片地连成工业遗产保护走廊，也便于形成连片、有生命力的历史街区，未来可将 156 项工程的三大动力和平房航空城设置为连片的两大传统工业历史文化街区，通过保护和挖掘工业资源，置入新型文创主题活动，打造哈尔滨工业旅游的核心空间（图 5-9）。工业遗存的保护应与城市的整体空间发展相平衡，以工业廊道和城市规划的绿色通廊为发展轴线，打开废旧工厂原有的一些封闭围墙，将部分厂区道路融入城市道路的有机体系中，完善城市绿道和步行系统。重点将 156 项工程的三大动力历史街区和平房历史街区与周边有名的景观或公共开放空间联系起来，增加联动，以廊串"点"，为历史街区复兴注入活力（图 5-10、图 5-11）。

图 5-9　哈尔滨工业遗产廊道与工业历史街区示意图

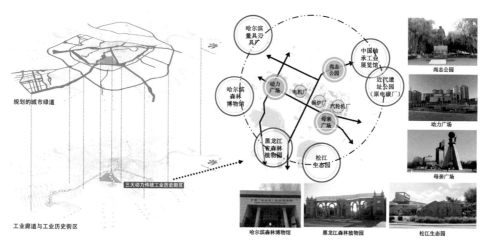

图 5-10　三大动力传统工业历史街区与周边节点联动概念图

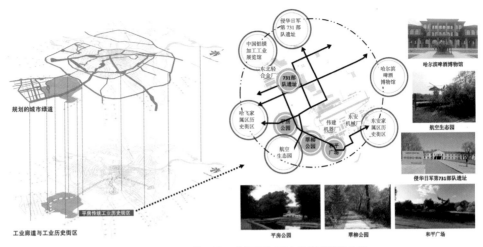

图 5-11　平房传统工业历史街区与周边节点联动概念图

（3）发展功能分区。哈尔滨 156 项工程工业遗存具有良好的区位条件和土地价值，并随着周边土地的升值和本身的体量规模，蕴含非常高的土地价值。"三大动力""平房航空城"相对完整地保留着工业生产体系，其区位及承载条件有利于产业链进行升级重组（图 5-12）。由于哈尔滨城市化进程的加快和"南拓"战略地提出，香坊区的土地价值

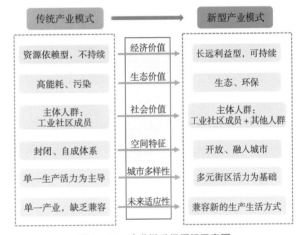

图 5-12　产业链升级重组示意图

提升，工业性质无法承担高额的地价，该区域工业区的搬迁改造，将逐步更新为商业、居住、娱乐、办公为一体的综合大型生态社区。结合哈尔滨老工业基地搬迁计划和工业发展规划，"三大动力"和"平房航空城"两大功能区近远期产业的发展和工业遗产改造的建议见表 5-4。"三大动力""平房航空城"两大功能区域可实施整体保护，进行整体设计，再现历史真实风貌。一方面整体设计可以较完整地保留这两大功能区的历史肌理和发展脉络；另一方面，整体设计能够拓宽产业改造升级的思路，整体进行招商引资，促进功能相互补充，提升整体的吸引力和影响力。以动力区和平房区为龙头，整合哈南地区规划打造的工业新城资源，形成传统上以飞机、动力、汽车等制造业为主，动漫产业、高新技术产业及其他新型产业蓬勃发展的新格局。

两大功能区产业升级建议表

表5-4

156项工程	背景	近期建议	远期建议
三大动力	已列入哈尔滨老工业基地搬迁范围	搬迁改造，建议将部分区域划定为历史保护街区	注入新型多元产业，与周边区域联动，打造香坊老工业区为商、住、娱为一体的综合社区
平房航空城	暂无搬迁计划	维持产业现状	产业升级，将部分传统产业转为新型产业，整合哈南地区工业新城资源

2. 中观层面

划定工业历史风貌区，进行分区保护发展，主要划分为两个层次——重点保护范围和缓冲控制地带，每个分区要严格执行相应的管控要求。

（1）划定保护范围。工业历史风貌区中重点保护范围的划定以工艺流程为核心，面向现状保护，是高价值区域，重点是保护工业风貌特色；缓冲控制地带的划定以生活为核心，面向规划引导，是中等价值区域，重点是规划相关配套设施。

（2）重点保护范围的管控要求。在重点保护范围内，要重点保护和营造工业风貌。该区域的优秀或比较重要的工业建筑要以修缮和展示为主，建筑密度、建筑高度、容积率按现状控制，不得在该范围内进行新建、扩建活动，对重要遗迹的危房进行修缮时应保持或恢复其历史风貌，"修旧如旧"，并在城市规划、文化保护等的严格审批下进行。对于一般性工业建筑，鼓励其进行改造利用，在符合消防、环保、安全等的前提下，尽量不改变其特色构件，在此基础上适当允许加建和扩容。

（3）缓冲控制地带的管控要求。在缓冲控制地带，要注意衔接重点保护范围和周边的城市功能区域，在历史风貌协调一致的前提下引导开发建设，形成工业遗产风貌和现代城市风貌的和谐过渡。在该地带中，可适当拆除与历史风貌不协调、临时性的建构筑物，新建建筑要在建筑风格、建筑样式等方面与工业历史建筑协调，对建筑高度、建筑密度和容积率进行必要的调控，避免破坏区域的整体风貌。

（4）哈尔滨 156 项工程的分区风貌保护。由于哈尔滨电碳厂和电表仪器厂的原厂地肌理不复存在，在这里只描述除这两厂以外的 8 厂区的风貌保护建议。8 个厂区可分为两大类，需要搬迁或改造的传统工业区和暂不搬迁的传统工业区，其风貌保护建议见表5-5，建筑设计引导见表5-6。更新中要重点维护三大动力区和平房航空城本身及周边工业区的整体风貌，最大程度保护工业城市立面、格局和天际线，使工业遗迹和区域城市面貌相得益彰。其中，针对哈尔滨 156 项工程已被列为历史街区或不可移动文物的区域，一是要尽快制定历史街区专项保护规划，对已划定的历史街区和历史保护建筑加以保护，突出历史风貌的原真性、整体性；二是控制新的开发建设强度、体量和风格，使之与老城保护相协调。

哈尔滨156工程历史风貌保护建议　　　　　　　　表5-5

156项工程	定位	风貌保护建议
三大动力	需要搬迁或改造的传统工业区	在完善规划布局的基础上，改善地块内部环境质量；进行区域的环境整治，建立已搬迁工业区的新形象，搬迁工业区应立足于新的形象定位建设；工业用地与街路改造同步进行，重视建筑环境的协调，进行绿地率、容积率等的控制和调整；重视旧工业厂房、环境的再利用，具有历史特色的工业建筑应予以重点保护
轴承厂	需要搬迁或改造的传统工业区	
量具刃具厂	需要搬迁或改造的传统工业区	
平房航空城	暂不搬迁的传统工业区	保护和延续传统风貌，延续平房"花园都市"特色，提高工业区环境及文化品质，建设符合国家级装备制造业基地的园区形象。从总体上考虑和优化各地块的景观连续性，综合整治用地外围的边沿（如围墙）和道路景观，完善绿化、小品，增加人性化的休闲空间，重点保护有特色的厂区建筑及工业景观

哈尔滨156工程建筑设计引导建议[27]　　　　　　　表5-6

建筑风格	整体风格以再现俄式风情建筑特色为主。三大动力区和平房航空城地区延续以折衷主义风格和新艺术运动风格为主的俄式和欧式风格，周边区域建筑风格需与之相协调
建筑色彩	整体色彩：采用"X+白"色调，"X"以米黄色、砖红色为主，辅以洛可可装饰风格的色系，"白"以装饰线脚及檐口色为主，适当加入砖石本色点缀。空间结构中确定的重要片区、通道及节点地区应重点进行色彩控制，在整体色系下细化色彩规划
建筑高度	严格执行《哈尔滨历史文化名城保护专项规划》对建筑高度的控制要求。周边地区的建筑高度需要同历史街区协调，保持主要视线通廊两侧建筑高度的梯度相互协调
建筑体量	与传统路网尺度和密度相协调，不得破坏原有路网格局肌理。动力区和平房航空城两片历史风貌区内体量应与传统建筑协调，绿地区的体量要注重与开敞空间协调，适度进行竖向划分处理，保持视平廊道的通透
建筑细部	新建建筑应以简约欧式为主，重点在窗的比例、檐口形式、底层线脚等方面与传统建筑相协调。高层建筑应简洁明快，底部风格与周边建筑协调，顶部设计不宜采用各种复杂的顶饰

3. 微观层面

分类分级保护工业遗产建构筑物。

（1）建筑物分类保护。可将历史风貌区重点保护范围和缓冲控制地带的建筑物分为五类：①保护—修缮历史建筑：按照相关要求保护和修缮，加固结构；建筑外观色彩、屋顶形式、细部装饰应保持原有特色，不得随意更改，可按照保护要求对室内进行更新，但不得破坏原有结构和有特色的装饰。②整治保留的不协调建筑，按照街区特色，整治插建的不协调建筑，使之与周边建筑色彩、风格、体量相协调。③插建和新建建筑：注重开窗比例、横竖线条、色彩、屋顶形式与周边历史建筑协调。④恢复或再现历史建筑：利用现代方法再现部分著名历史建筑。⑤保留片段—更新建筑：对有特色但结构不牢、无法原样保留的一般性老建筑，保留建筑片段，用现代设计方法再造形象，恢复建筑活力[27]。

（2）建筑物分级更新。对于历史风貌区重点保护范围的工业建筑，采用分级保护，优秀建构筑物要整体保留、合理修缮；重要建构物适当保留，活化改造；一般建构筑物酌情拆改，突出场所精神。对不同区位的各级工业建构筑物进行多样化的功能设置（表5-7）。哈尔滨的"三大动力"、轴承厂和量具刃具厂位于城市的中心地段，区位价值高，交通便捷，人流密集，具有中心项目的人文资源、文化舆论优势，可对不同级别的工业建构筑进行多样化改造，旨在完善城市周边生活配套，复兴中心区活力；哈尔滨的"平房航空城"位于城市边缘地段，地价低廉，区位偏僻，场地开阔，边缘地带在生活、办公、工艺成本和办公规模上有优势，可对不同级别的工业建构筑物进行功能植入，旨在优化城市产业发展相关配套，提升城市产业发展活力。

不同地段工业建筑的更新建议 表5-7

	市中心（地价高、人流密集）	郊区（地价低、场地开阔）
优秀工业建构筑物	纪念性展示功能：博物馆、展览馆等 公益教育功能：美术馆、音乐厅等	以文化类功能为主
重要工业建构筑物	公益性公共服务建筑：图书馆等 特色商业休闲功能：酒吧、咖啡厅等	文化创意产业区（园）
一般工业建构筑物	社区配套功能：菜市场、社区零售商业等 居住功能：青年旅社、loft 公寓等	办公场所服务厂区未来发展的相关配套

4. 非物质文化

哈尔滨的非物质工业文化遗存中，保存有大量的工业成长史、工艺流程、工业产品，还有历史影像、厂歌、工业精神等。非物质工业遗存承载着厂区人民与市民对老厂和城市深厚的情感。非物质遗存在城市记忆组织中不能脱离物质支撑载体而独立存在，要扩展非物质工业遗存的表现形式，注重与之关联的设施、公共空间和标识的保留及强化，可考虑建设博物馆、进行解说系统规划、节事庆典策划、实景表演活动等对哈尔滨的非物质工业文化资源予以展示。

5.3.3 城市记忆再现：场所精神表达重构

1. 整合场所空间

（1）历史特征保护。哈尔滨156项工程的建筑物、构筑物与工业设施都是为工业生产所服务的，它们具有宝贵的科技价值和艺术价值，反映了鲜明的工业技术特性和时代特征，是当时工业文明最直接的记录者。因此在老工业基地更新改造中，所有能够反映当时工业生产活动的物证和场地关系都需要也应当利用城市设计手段纳入工业街区的规划方案中。此外，在留下有记忆价值的历史特征场所，保住过去城市记忆的基础上，要创造新的城市记忆，在城市设计中，有意识地营造新的记忆空间，创造属于新时代的集体记忆。

（2）建筑空间整合。建筑空间整合主要是对工业建筑的内部空间进行初步整理。①化整为零，尽量维护原有建筑形态和体量不变，从水平和垂直等方向对空间进行分隔处理，将原有工业的巨型尺度划分为若干尺度适宜的空间（图 5-13）。②合零为整，在场地设计中可通过屋顶、连廊等设计，将原有相对独立的工业建筑物统一成新的完整空间或串联成一大整体空间（图 5-14）。

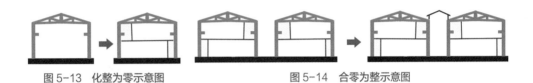

图 5-13　化整为零示意图　　　　　　　　　图 5-14　合零为整示意图

2. 重组场所要素

（1）新旧元素和谐化。新旧元素的和谐主要针对的是旧工业建构筑物的更新改造和功能重置。更新中主要包括两方面的内容，其一是旧工业建构筑本体的改造，主要有"以旧包新"和"以新包旧"两种操作手段；其二是在既有的工业建筑基础上进行适宜的加建，适宜地加建空间不仅能够烘托工业氛围，同时也能迎合新时代的旋律，满足当代人的审美需求和功能使用需求。具体操作手法和改造案例见表 5-8。

新旧元素和谐化操作方法　　　　　　　　　　　　表5-8

	方法	详细描述	案例	案例照片
旧工业建构筑本体	以旧包新	在大尺度的空间里重新嵌入一个全新的独立体系，内层系统嵌套于大尺度的工业建筑外壳中	上海红坊：厂房建筑内部嵌入了一个新的空间	
	以新包旧	在旧有建筑或景观构筑物上套上一个新的表皮（玻璃或透明的材质等），主要是为了保存破损比较严重，但保留价值高的景观要素	岐江公园琥珀水塔：水塔被加上灯光，并进行玻璃外装饰，形成琥珀水塔，既具有引航功能，又具有工业美学价值	
加建空间	母题重复	母题即为简单的形体重复排列。在老工业区更新中，可在保留原有厂房的情况下，采用与原建筑形体统一的构件进行局部加建，在相似的母题中达到新旧建筑间和谐的韵律美	大华1935：厂区原有很长的连续型锯齿形屋面厂房，在更新中使用局部母题减法策略，拆除部分锯齿形屋面，采用新材料和新技术加建新锯齿形屋面，与保留的旧锯齿屋面重新整合	

	方法	详细描述	案例	案例照片
加建空间	形体互补	加建部分延续了旧工业建筑的形体或对旧工业建筑形体形成互补,使新旧建筑完美契合	唐山市城市规划展览馆:原为唐山面粉厂,6 栋老仓库保留下来,通过钢结构连廊串联各仓库,加建的钢屋顶延伸到水面,形成虚空间	
	对比强化	采用空间的变化和对比,来改变使用者对空间的心理感知,从而烘托工业化氛围	余德耀美术馆:废弃的龙华机场机库改造成主展厅,机库东侧加建平顶玻璃大厅,引入绿植。老机库浓重的工业气息与通透的"绿盒子"形成强烈对比,形成空间差异美	

（2）生产要素动态化。生产要素指的是在生产过程中使用的机器设备,最能体现工业行业特征。保护生产要素最有效的做法就是让这些机器设备运作起来,而非"静止"地摆在那里。在老工业基地更新中,要酌情保留工业原有的生产过程和工艺流程,以再现昔日生产过程,同时可增加生产体验,通过恢复当年的生产、工作场景,组织游客穿上具有时代特色的工作服,重温工业生产过程,唤醒其身体记忆。如攀枝花"钢铁是怎样炼成的"精品线路,游客可体验生产工艺流程,加深对工业场所的认识。

（3）工业符号标识化。工业建构筑物和机器设施,如水塔、冷却塔、烟囱等是极具工业区特色的符号元素,可以通过设计改造转化为场地坐标,丰富城市的天际线,增强工业场所的可识别性。可将高炉、烟囱等,重新粉刷颜色并定义新功能,形成空间丰富、特色鲜明的开放空间,集文化艺术、休闲娱乐等功能于一体（图 5-15）。此外,闲置的机器设备也可赋予新的功能,继续为城市服务,如废旧铁轨改造成为公园,国内有名的案例是厦门的铁路公园、哈尔滨的中东铁路公园,高炉可改造为攀岩设施和眺望台,废弃的火车可改造为餐饮、儿童游乐区、胶囊旅社等。

图 5-15　工业符号的标识化意向图[28]

3. 强化场所精神

（1）诠释工业特征。城市形象是城市文化最生动直观的表现形式。目前哈尔滨工业形象的可识别性低，缺乏表现力，要加快推进哈尔滨工业标志性形象建设。如引导哈尔滨"城市家具"的品牌化建设，设计引导老工业区的交通标识、公交站牌、社区宣传栏、绿化小品等主要公共空间，通过城市小品展示传递哈尔滨的工业文化记忆。首先，可以把一些残破或"锈迹"的景观元素通过重新组合纳入建筑群或景观环境中，典型的如杨浦滨江示范段中钢板切割形成的雕塑或管道外观的路灯，既形成了装饰性的环境小品，又可以唤醒人们对工业生产景象的时代记忆。其次，可以对工业基地的公交站点进行地名保护，用厂区名称或别名命名。地名兼具地理指示作用和城市记忆传递作用双重功能。哈尔滨的 156 项工程大多现以"活态化"的方式运行，在未来的更新实践中通过命名公交站点的方式，促进城市记忆"流动"起来，有利于促进哈尔滨工业记忆在更广范围内传播。

（2）创新更新模式。从更新的力度来看，可将哈尔滨工业企业的更新模式分为彻底更新、改造利用和整治保护三种类型（表 5-9），在不同模式下延续城市记忆的设计方法包括提取肌理语言、提炼建筑符号等（表 5-10），不同方法要根据具体更新模式选择使用。其中，彻底更新往往采用推翻重建的方式，是目前哈尔滨市工业企业既有更新改造实践中最为常见的方法，这种模式有利于最大限度地利用土地，但也最容易造成城市记忆的断裂；改造利用也是一种较为常见的更新模式，经常同彻底更新模式一起结合应用于实践当中，如哈尔滨红博·西城红场的改造；整治保护往往只针对典型的历史遗存，包括文保单位、历史建筑、历史街区、特色历史遗存等。在哈尔滨目前的工业更新实践中，已有住区、创意园区、商业综合体、博物馆等开发模式，文教、公服、办公等功能应在未来积极探索（表 5-11）。哈尔滨的 156 项工程大多现以"活态化"的方式运行。在未来的更新实践中，要关注搬迁企业在改造中的多样化和个性化表达，除纪念、展览馆、博物馆等传统更新改造模式外，建议结合哈尔滨市产业升

更新模式总结　　　　　　　　　　　　　　　　　　　　　　　　　　　　表5-9

三种模式	具体描述	适用类型
彻底更新	对场地内的建筑、设备等进行全面拆除重建，最大限度地释放工业存量土地，植入全新的建筑及功能	土地价值高；现有遗存建筑质量较差、无重要历史文化价值；环境较差、亟待改善；规划有重要公共基础设施
利用改造	充分利用场地内的建筑物、构筑物遗存，进行再利用改造及功能置换，形成新旧共生的发展态势	土地价值较高；现有遗存建筑质量高，适于改造再利用；具有一定的历史文化意义；具有塑造特色城市空间的潜质
整治保护	对场地内有重要历史文化价值的建筑物、构筑物进行整治保护，最大程度上维持遗存的原有风貌	有重要历史文化价值；拥有大量历史文化遗存；具有较高的纪念意义

不同更新模式下延续城市记忆的设计方法 　　　　　表5-10

三种模式	更新要素	延续城市记忆的主要方式	方式特征
彻底更新	场地肌理	提取肌理语言	非物质留存为主，间接延续城市记忆；无完整历史遗存；建筑设计及空间营造采用抽象化、符号化的隐喻式表达；景观环境采用基地工业历史文化元素进行设计
	建筑	提炼建筑符号（拆除/重建）/拆解再利用	
	工业设备及构筑物	局部就地保留/转移保护/局部功能性改造/拆解改造	
	场地景观	保护原有植被/延续公共空间/延续特色景观	
利用改造	场地肌理	局部保留/整体保护	物质留存和非物质留存相结合；新旧要素和谐共生
	建筑	保护修缮/保留改建/拆解再利用	
	工业设备及构筑物	就地保留/转移保护/功能性改造/拆解改造	
	场地景观	保护原有植被/延续公共空间/延续特色景观	
整治保护	场地肌理	整体保护	直接延续城市记忆；保留重要历史遗存；适用于价值度高、历史意义重大的地段
	建筑	保护修缮/保留改建	
	工业设备及构筑物	就地保留/转移保护/功能性改造/拆解改造	
	场地景观	保护原有植被/延续公共空间/延续特色景观	

建议采用的再利用模式 　　　　　表5-11

再利用模式	实践案例	哈尔滨开展情况
住区	辰能·溪树庭院	已建
商业综合体	红博·西城红场	已建
城市综合功能区	爱建·滨江国际	已建
博物馆	啤酒博物馆	规划
创意园区	东北文化创意基地	规划
公园绿地	近代工业遗址公园	规划
体育场馆	上海理工大学体育馆	暂无，建议采用
文教建筑	伯尔尼大学图书馆	暂无，建议采用
办公建筑	里卡多·波菲尔建筑事务所	暂无，建议采用
创新创业企业孵化器	萧山里士湖科创园	暂无，建议采用

级和人才引进工作，对不同类型的工业建筑进行多样化的功能设置，鼓励将其改造成航空"特色小镇"、机械动力"特色小镇"、低成本创业空间、福利性住宅等功能。同时可结合最新科技和原有生产工艺，开发工业遗产旅游线路、厂矿体验等产品，将哈尔滨 156 项工程工业遗产群打造成哈尔滨城市生活的特色游览系统。具体更新改造建议见表 5-12。

（3）营造场所气氛。可考虑利用声、色、光等辅助手段来营造场所感。声，主要是利用广播来聆听场地发生的故事，还包括 156 项工程记忆度很高的声音记忆——上

哈尔滨156项工程更新改造创新模式建议　　　　表5–12

更新模式	详述	建议改造区域
"特色小镇"	①作为新兴产业的孵化器。利用既有的产业基础（如机械工业、航空工业），改造为以航空和机械工业为主题的科技创新园，盘活哈尔滨南部老工业区，助力香坊区和平房区高新技术发展。②作为航空主题或军事主题的游乐园、博物馆。从全国来看，航空主题和军事题材的游乐园非常匮乏，而哈尔滨的条件得天独厚，可利用156项工程工业遗存建设独具特色的休闲消费空间	"三大动力""平房航空城"
低成本创业创意空间	①企业单位大院原有的小户型住宅难以满足家庭生活的需求，但可以改造为青年公寓。②生产区的大空间可改造成众创空间，形成新的创业理想国，吸引新时代的创业青年们来此，在老一辈科研人员奋斗过的地方创业、生活	轴承厂量具刃具厂电碳厂"三大动力"
政府福利性住宅	在存量规划背景下，老工业区优越的地理区位和搬迁改造趋势，可使政府在更新中切实考虑民生工程。对部分工业建筑进行住宅改造，使其成为创业阶层、低收入人群和养老人群使用的福利性住宅，一方面可以降低场所拆除造成的环境污染，另一方面可以减少开发成本，成为利民工程	轴承厂"三大动力"
工业遗产旅游	①哈尔滨传统经济的衰落导致迫切的转型需求，在老工业基地搬迁浪潮中可对原有的工业遗存进行旅游开发，从而带动区域经济发展。②将哈尔滨工业遗产旅游线路与旅游 APP 结合，策划不同主题线路，并与其他旅游线路结合，保护和延续城市文脉。③改变单纯的观光教育模式，融入浸入式体验，顺应影视、网络、音乐等新媒体发展，利用拟像世界、社区想象促进区域地方认同	全体哈尔滨156项工程

班的军号声。色，主要是通过城市色彩控制、特色景观营造，来达到吸引眼球的目的，从而加深人群对场所环境的印象，对于哈尔滨的工业景观，可利用鲜艳的颜色来增加寒地景观活力。光，主要是利用灯光在夜间对景观的装饰和烘托作用来调节观者对工业景观的视觉感受，增加哈尔滨城市夜间景观魅力。

（4）展现寒地景观。哈尔滨地处寒地，冰雪景观是东北城市标志性的景观，是哈尔滨的地域特色。融合冰雪文化和工业文化，是南北方工业城市的显著区别，因此，可将冰雪元素加入老工业基地的更新设计中，如使用冰灯、冰雕、雪雕等形式来展现哈尔滨的特色工业建筑及工业设备，展现北国别样的工业韵味。

5.4　"自下而上"的城市记忆延续策略

5.4.1　城市记忆储存：城市记忆共享众筹

（1）多元化储存手段。"自下而上"的城市记忆储存手段有多种：①口述史，通过口口相传的方式在人与人、代与代之间传递城市记忆客体信息。口口相传具有交流直接的特点，缺点是传播范围十分有限。②文字记载，书面方式提供了人与人信息交流的非直接性，具有范围更广的潜在受众，可使记忆更长久地保存。③传媒报道，例如电视、广播、互联网等新闻传播媒介，可以在更大范围、以更加自由的方式生动地展现历史。④仪式活动，仪式和日常活动都是自发或者模式化的群众活动，具有主动行动、重复参与的特点,利于实现历史象征和社会认同。⑤教育活动,增加乡土文化教育,设立乡土文化(地理)课,以避免年轻一代缺失城市记忆,造成城市断层,以实现城市记忆的传递。

(2)城市记忆共享。城市记忆的储存与传递,不仅需要"自上而下"的官方机构构建,还需要社会公众的参与,形成城市记忆的公民博物意识。公民博物是城市记忆传递的公众参与,突出城市记忆的非排他性,强调记忆共享。常见的形式是博物馆和媒体合作在全社会征集承载城市记忆的元素,如服装、器件、照片或书稿,筛选后进行展出,推动城市记忆的传递。还可通过网络平台收集与工业生产生活相关的文章,口述者包括工厂普通工人、技术骨干、管理者、对工厂有特殊情怀的社会人员,通过对过往的回忆,讲述自己的所见所闻或亲身经历体会,用这种特殊的方式纪念对企业、对现状工业遗存的复杂情愫。公民博物所强调的城市记忆共享,不仅利于促进大量与城市发展息息相关的印记得以保留,而且能够在全社会发起动员,促使公众认识到自己的城市主体地位,积极投身到保护城市记忆的行动中去。

(3)城市记忆众筹。信息渠道的缺乏导致政府、开发商和设计人员难以有效获得城市历史演变的信息,进而使得规划设计和文脉延续的效果大打折扣。为了弥补这一不足,需要建立"城市记忆地图"公众信息平台,在传统线下收集信息的基础上,引入线上收集方式,让公众在信息平台上上传历史照片、历史故事、历史评述,点出他们认为的具有保留价值的建构筑物以及已消失遗迹的大致位置及名称,众筹哈尔滨工业城市记忆。借助"城市记忆地图"公众信息平台,能够鼓励公众通过查询、反馈、更新等方式参与到历史保护中来。对于存有记忆的哈尔滨"老居民",可汇聚融合市民的历史记忆,提升对历史文化的保护意识;对于不了解哈尔滨的"新居民",可通过查询系统了解哈尔滨的历史文化和城市魅力;对于研究人员,可作为信息平台提供空间分析、实物考证和设计参考等信息;对于专业工作者,可以在其专业研究和设计领域全面地考虑城市文脉,使设计更好地融入城市空间,创造更具场所感的空间环境,从而延续城市的发展脉络,普遍适用于城市设计、城市特定规划及景观设计领域。

5.4.2 城市记忆组织:开展记忆工程行动

1. 开展多维延续行动

借鉴青岛、杭州、武汉等城市的城市记忆工程实践经验,建议在政府部门的主导下,联合哈尔滨市档案部门、新闻媒体、博物馆、展览馆、文化研究团体等机构,广泛发动市民群众,实施哈尔滨市企业单位大院相关城市记忆的抢救行动、展示行动以及营造行动(表 5-13)。

延续城市记忆的行动组织形式　　　　　　　　　　　　　　表5-13

行动类型	行动目的	组织方式举例
城市记忆抢救行动	及时抢救未被保留的城市记忆，减少更新建设对城市记忆的消极影响	抢救"大院"记忆摄影主题比赛，口述史采访记录活动，"老物件"众筹计划
城市记忆展示行动	避免城市记忆的断层现象，延续具有特殊历史文化价值的记忆片段	哈尔滨市企业单位大院主题文化网站，工业文化旅游主题手机 APP，主题微信公众号 / 微博宣传账号，生产工艺 VR 体验，工人居住生活 VR 体验，文化纪录片，系列新闻报道，展览活动策划，5D 灯光投影展
城市记忆营造行动	顺应发展潮流，在延续历史文化记忆的基础上，赋予新的内涵	结合更新改造项目具体策划，如艺术节、音乐节、科技展等

（1）城市记忆抢救行动。发动城市记忆抢救行动的目的是为了在 156 项工程快速搬迁改造的实施进程中，及时抢救那些未被保留的城市记忆，尽量减少工业更新改造行动对城市记忆的延续性所产生的消极影响。城市记忆的抢救方式可以通过多种形式实施，如组织"我眼中的哈轴""我眼中的哈量"等主题摄影比赛、主题摄影展等活动，发动市民群众对面临搬迁改造的 156 项工程的特色建筑、工业设备、特色苏式居住街坊等进行抓拍留念，留下这些大院的最后风采。

（2）城市记忆展示行动。发动城市记忆展示行动的目的是为了避免哈尔滨市 156 项工程的城市记忆再次出现年龄断层的现象。城市记忆展示行动应重点展示那些未被广大市民熟知、未被年轻一代熟知、具有特殊意义价值的历史记忆片段，如先进工人代表、老一辈劳模、建厂历史、技术进步历程、企业文化、名人轶事、重大历史事件、工人精神风貌等内容。城市记忆的展示行动也可以通过多种形式进行组织，如制作专题纪录片、专题访谈栏目等。

（3）城市记忆营造行动。发动城市记忆营造行动的目的是为了赋予哈尔滨市 156 项工程以新的文化内涵。城市记忆既要延续历史也要顺应时代潮流。在延续城市记忆的同时，也应该顺应时代发展不断赋予其新的内涵。156 项工程更新改造项目在塑造新的城市空间、赋予新的城市功能的同时，应注意文化复兴及场所精神的塑造，使更新改造项目成为城市新的活力点、新的城市记忆"兴奋点"，积极策划文化交流、艺术展示、科技交流、创新研讨等系列活动，这些活动有助于促进生成新的城市记忆。建议城市记忆的营造行动结合更新改造项目来进行，如在由老工业厂房改造而成的文化中心、体育场馆、创意园区等空间内组织举办青年文化交流活动、老年健身比赛、艺术文化交流活动等。

在组织城市记忆的抢救、展示及营造行动过程中，应手段灵活、全民参与。开展城市记忆工程，在大数据的时代背景下，结合智慧城市的建设，全面采集录入保存与哈尔滨市企业单位大院相关的电子文档、网络资源信息、地理遥感信息等城市记忆信息内容。在行动方法上来说应注重新媒体、虚拟现实等现代科技的应用，从行动成效上来说应充分调动起市民群众的参与性，将那些代表哈尔滨市工业发展，足以展示其"共和国长子"精神的集体记忆传承发扬。

2. 丰富城市记忆途径

媒体应该加大对工业文化遗产保护的宣传力度，媒体进行了一系列有关城市历史保护的专题采访和报道，极大的曝光率可以提高民众对工业遗产重要性的认知。哈尔滨市 156 项工程的城市记忆途径主要以个人经历和口述流传为主，记忆途径单一。丰富哈尔滨市 156 项的记忆途径主要可以从加强宣传导引设施建设、推动主题文化设施建设、加大媒体宣传力度等方式进行。

（1）宣传导引设施的建设。包括哈尔滨市企业单位大院相关文保单位、历史建筑、历史街区等的宣传手册、宣传栏、导引系统、统一风格的景观环境小品的规划与设计。在宣传导引设施的设计过程中，应构建哈尔滨市 156 项工程的视觉符号系统，挖掘企业单位大院的城市记忆价值内涵，运用可视化的设计手法进行象征、隐喻或提炼式的表达，创建具有地域性、标志性、独特性的宣传导引设施。如将爱建火车头广场的建筑形态、亚麻厂街坊和西城红场的空间肌理以及"蚂蚁啃骨头"的精神运用到视觉符号系统的设计中，展现企业单位大院的空间特色及精神内涵，该视觉符号可以应用到公交站牌、景观小品等的设计中，推动企业单位大院的城市记忆延续和推广。另外，还可以运用城市记忆单元、记忆线路、记忆点的形式设计哈尔滨市城市记忆地图，并整合哈尔滨市的旅游资源，形成哈尔滨市文化宣传手册。

（2）主题文化设施的建设。包括主题展览馆、博物馆、纪念馆等。在建设过程中应避免"盲目求大、遍地开花"的现象，提倡"小规模、多主题、精致化"的建设方针，建议学习沈阳铁西区工人村生活馆的建设方式。另外，还应倡导哈尔滨市的本地媒体进行多渠道的系列主题宣传活动，如企业劳模系列展、长子精神系列展、哈尔滨工业发展之路系列展等主题宣传活动，具体的宣传方式可以采取文字解说、图文展示、纪录片展示、舞台剧表演等方式，如西安华清池景区及大唐芙蓉园以舞台剧的方式向游人表演唐朝史诗，得到了游人的一致好评。

（3）加大媒体宣传力度。前文调查发现哈尔滨市城市记忆出现了年龄断层现象，为了再次避免这种现象的发生，应重视城市记忆的延续与传承。特别要关注对青少年群体进行哈尔滨市工业发展历程的专题教育，另外，应充分挖掘哈尔滨市 156 项工程的文化内涵，建立文化品牌，结合哈尔滨市冰雪文化等对外来游客进行宣传，扩大相关城市记忆的受众群体。实际上，如哈尔滨汽轮机厂等一些知名企业已设有宣传展馆，但一般不对外开放，应鼓励企业举办开放参观日等活动，组织学生、科研团队以及普通市民了解企业文化，宣传哈尔滨市的工业企业发展历程。应充分利用网络的便捷性和自媒体平台，挖掘 156 项工程工业文化的广度和深度，通过微信软文推送、在线绘制图像、位置签到图片等方式，加入语音讲解和互动，每天更新不同主题，涉及工业演变、厂史、工艺流程等多样内容，将工业文化碎片化信息，融入科技、创意、艺术等形式中，打造适应多元化当代诉求的工业文化传承媒介。可借鉴中国做城市推广的标杆——成都向上的成功经验。

3. 鼓励多方参与行为

（1）文化抢救保育。哈尔滨工业记忆的传承离不开民间团体保育行为的推动。保育团体十分重视对本土文化的保护，他们通过大众媒体（如微博、豆瓣、微信、网站等）、团体活动（如线上线下研讨会、展览、摄影、书画等）形式向大众宣传工业遗产保护的价值观。民间保育团体的发展与本土意识分不开，团体中的人群会对哈尔滨这座城市有着独特的情结，在长久培养的地方认同下建立起对工业保护的文化自信。

（2）媒体互动机制。大众媒体可以搭建政府部门和公众两方对话的平台。媒体一方面可以将政府部门对老工业基地的发展部署和规划信息发布，另一方面可以积极为公众寻求话语权。政府、媒体、公众在城市记忆的组织过程中，以媒体为沟通桥梁，达到多方话语的良性互动，构建起反馈互动的良性机制（图 5-16）。

（3）强化参与式活动。在工业空间及文化建设的过程中，需要群众及各方参与共建。工业文化属于边缘文化，不被多数人所知晓，群众基础薄弱，因此为了让更多人知晓工业文化，就要在工业记忆的组织中强调公众参与，通过可融入生活的参与式体验活动，来延续哈尔滨的工业历史文明和特色文化，让更多的人了解到哈尔滨存在的工业资源要素，珍惜这一方乡土。可参考厦门市鹭江社区的早市活动，联合商家、居民、社工机构、社区居委会、街道共同参与，通过参与式体验活动促进人群之间的交流（图 5-17）。通过长期的早市活动的社会建构，促进了群众与政府、本地人与外来人之间关系的和谐发展，进而形成对共同家园的集体认同。

5.4.3　城市记忆再现：社会关系网络延续

（1）保存"生活圈"。哈尔滨 156 项工程老工业住区有着独特的丰富文化，是企业单位和居住文化相互影响的产物。企业单位住区的使用者大多为企业的年老员工，他们对企业及工业生产工作有着强烈的责任感和感情。企业单位住区不仅仅是其居住的房子，也是他们对工作生活情感的延续。单位住区因其建设年代久远，许多住宅正面临着改建及拆迁的现状。为了维护工业住区特有的文化，尽可能地保留"原居住民"，针对后工业时期经济衰退、居民下岗失业的普遍情况，在改建过程中，综合考量厂区

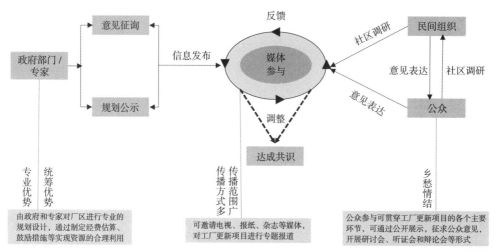

图 5-16　政府、媒体、公众的互动机制

图 5-17　旧物早市活动

历史、住区文化、建筑特色及住区习惯等多方面因素，强化社区关注，通过改变破旧的住区环境，保存企业单位"生活圈"。如沈阳工人村生活馆周边未被改造为博物馆的部分仍然作为住宅使用，虽然现今居住在里面的居民不完全是曾经的工人职工，但是这种生活氛围的维持使得工人村生活馆周边依然保留着苏式街坊的生活气息，展馆内的城市记忆和展馆周边的当今生活景象相互呼应，这种社会关系网络及生活情景的留存，值得学习和借鉴。

（2）形成"社区遗产"。工业区住宅在平面规划、建筑立面及建筑色彩方面都有非常鲜明的特点，哈尔滨 156 项工程中的哈飞家属区和东安家属区已被纳入历史文化街区。在哈尔滨 156 项工程单位住区的更新改造中，要强化公众参与，广泛收集居民建议，在编制工业基地改造方案时广泛吸纳各方意见，将有特色、具有保留价值的企业单位住区划为历史保护对象，形成企业单位大院"社区遗产"。

（3）打造开放式街区。哈尔滨 156 项工程生活配套区街道的设计体现了人本关怀，促成了企业单位大院和谐友好的邻里氛围，使得工厂职工及当地人对片区有着强烈的归属感。调研发现，企业单位大院的街坊尺度为 150~300m，街道空间尺度适宜，是典型的"小街区、密路网"空间格局，几大企业单位住区之间的界限不明显，没有围墙阻滞，是开放型社区。街坊外围的城市道路，行人与非机动车的慢行空间在道路红线断面中占比近 40%，奠定了整个生活配套区安静、慢行的生活氛围。建议今后的城市建设继续延续密路网、小街区的空间肌理及绿色慢行的街道空间，营造舒适宜人、人文关怀的空间氛围。

（4）建立社区档案。社区档案指的是由居民自发记录生活地区及相关社区所发生的事情，并将其作为档案加以保存继承的行为。社区档案是一种人人都能参与、由每个人自主构建、为每一个人服务的记忆装置，这样的存档方式具有极大的丰富性、灵活性、真实性及当事性，为社区历史提供足够丰富的现实面向，能够多角度多方面多层次地还原历史原貌。例如，可以鼓励工人新村退休老人参与"文学社"活动，通过收集陈年报刊上有关工人村的信息、宣传画等资料，将工人村的历史重拾起来，既有利于社区发展，又满足了工人村居民们的需要。

（5）"在地文化"社区微更新。应对场所迷失，通过微更新的空间设计策略开展工厂社区的场所营造。扎根于地方特色、地方认同的"在地文化"深刻影响着地方的意识形态、价值观念与行为方式，是一种凝练的内生动力，也是社区更新的重要触媒。"在地文化"导向的社区更新，以地方特色、价值和资源、人们在地生活中形成的自豪感、地方认同及地方多元内在需求为核心驱动力，推动个体和社会自主更新，以实现社区在物质维度、社会维度和情感维度的改良和优化[29]（图 5-18）。

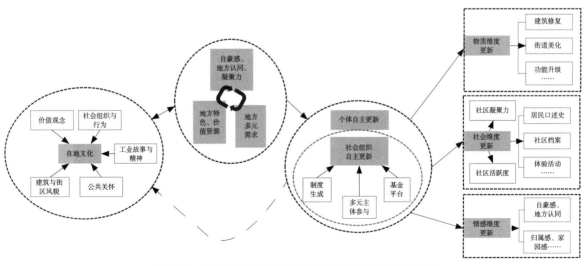

图 5-18 "在地文化"导向的社区更新运作机制与路径示意图

结　语

近年来，老工业城市的发展议题一直围绕着工业遗存的更新改造和老工业基地的振兴。不少老工业遗存在更新改造中，工业文化的价值未得到充分认识，工业更新的模式粗暴且单一，文化同质或断裂导致"失忆危机"。本书从城市记忆的理论出发，研究城市记忆中的工业记忆，选取具有代表性的工业遗存——156项工程为研究对象，通过审视哈尔滨156项工程的城市记忆现状及更新保护情况，力求从城市记忆延续的角度出发，在反思现有更新保护方式的基础上提出有助于延续哈尔滨156项工程城市记忆的保护与更新策略。本书通过实地调查和数据，分析总结发现：

（1）将城市记忆理论引入东北老工业基地的更新与保护十分必要。城市记忆的应用目前尚缺乏在旧城更新和工业遗存更新改造中的应用。本书尝试将城市记忆理论和东北老工业基地更新之间进行关联构建。不同时期的工业建设，真实地反映了城市的生长状态，表现出工业文明从产生—辉煌—落寞—转型的历史过程，每一个阶段的工业遗存，强烈地渗透着时代的烙印与色彩，为城市留下不同历史时期的连续的城市记忆。城市记忆的重要作用在于保持城市历史的连续和身份特征，只有拥有记忆的城市才具有独特的魅力和吸引力。工业遗存的更新保护与城市的发展并不是矛盾的关系，工业遗存不是城市升级的沉重包袱，也不是历史发展的废弃物，而应该是城市更新和转型发展的重要财富。老工业基地的城市记忆记录既是东北城市复兴和转型发展的需要，也是现代社会对集体主义精神回归的需要，在城市化发展过程中，通过对老旧工业片区进行土地功能的置换和再开发，并对周边区域的环境设施加以改造利用，可以实现对场所精神的塑造和文化记忆的传承。物质和非物质型工业遗存的保留和保护，可较完整地呈现城市工业发展的变迁，而对工业遗存的文化认同可以激发民族自豪感，增强地域认同和归属感。

（2）哈尔滨156项工程的城市记忆现状急需加强重视。通过对哈尔滨市156项工程的城市记忆情况进行实地调研、文献资料分析、语义分析和数据分析，梳理了哈尔滨市156项工程的建设背景及城市记忆资源现状，并从"自上而下"和"自下而上"两种意识形态分析了其城市记忆情况，从中总结影响城市记忆的因素及当前城市记忆存在的问题。哈尔滨156项工程的城市记忆当前面临残忆、错忆、断忆、失忆的危机，工业文化长期被贬抑为落后的工业文化，"自上而下"的官方机构对工业遗存的价值和保护缺乏认识，"自下而上"的群体之间缺乏对于工业记忆的共鸣，记忆的代际传递薄弱。保密性和缺乏系统性普查导致记忆资料匮乏，大拆大建加速了记忆对象的流失，这使得哈尔滨156项工程呈现"不能记忆"的特征。认知主体的"不愿记忆"行为，如相关规划缺失、评估系统缺失和宣传手段缺失，使得工业遗存的记忆感弱，记忆要素缺乏有效组织，工业遗存的价值缺乏共鸣。即使有些工业遗存得以幸免不被拆除，但在更新改造中，由于更新模式的粗暴、场所精神的迷失和社会关系网络的断裂，造成大量记忆信息的篡改和记忆对象消失，出现工业遗存"不让记忆"的局面。因此如何妥善处理哈尔滨的老工业遗存，保存工业记忆，成为亟待解决的问题。

（3）急需提出针对性的保护策略来延续哈尔滨市156项工程的城市记忆。"156项工程"的更新保护，既需要政府、规划管理部门"自上而下"的规划设计引导和政策管理，也需要"自下而上"的民众、媒体献计献策和共同参与。本书根据城市记忆的延续思路，从城市记忆的储存、城市记忆的组织、城市记忆的再现，尝试性地从"自上而下"与"自下而上"两方面提出记忆的延续策略。本书通过深入挖掘156项工程的历史文化内涵和资源，探索如何盘活土地存量，实现"城市双修"，希望通过科学保护，促进东北老工业基地的振兴，从而能够激活哈尔滨的工业城市印象，促进城市健康可持续地发展。

囿于文章篇幅有限，本书也存在一些不足之处。由于哈尔滨156项工程项目的封闭性及涉密性，可获取到的开放性资料有限，本书的研究仍存在资料搜集不完备的可能。此外，本书的研究方法还不够多样，将会在今后的研究中不断完善，继续充实哈尔滨工业遗存的研究成果。随着"退二进三"、传统工业经济式微、城市空间发展等的影响，许多城市的老工业片区面临搬迁或更新改造的命运。未来的城市建设倡导个性和特色化，工业遗存的保护与再利用也必将因地制宜，挖掘自身特色工业文化，形成一套适合其工业发展背景的完整保护体系，从而更科学地指导工业遗存的保护。笔者也希望通过对哈尔滨156项工程的研究，能够引起更广泛的关注，也希望工业遗存的保护在众多学者群策群力、集思广益的努力下，能有更好的发展前景。

附　录

哈尔滨工业记忆问卷调查（三大动力篇）

您好，为了更好地指导哈尔滨未来的城镇化建设，留住城市记忆，为哈尔滨的工业文化保护与传承提供可靠依据，我们开展此次调查，希望得到您的帮助。问卷采用匿名调查，仅用于学术研究，不会透露个人信息。衷心感谢您的支持。

1. 性别：○男　　　　○女

2. 年龄：○ 18 岁以下　　　○ 18~44 岁　　　○ 45~59 岁　　　○ 60 岁以上

3. 职业：○工厂企业职工　　○公司职员　　　○公务行政　　　○学生

　　　　○自由职业　　　　○无业　　　　　○其他

4. 学历：○初中及以下　○高中（中专）　○大学本科（大专）　○研究生及以上

5. 在哈尔滨停留（工作 / 生活 / 学习）的时间：

　　○短暂停留（如出差、旅游、探亲等）　○中长期停留 1~5 年

　　○长期停留 6~10 年　　　　　　　　○长期停留 >10 年

6. 对哈尔滨的工业氛围 / 工业文化的总体感受是：

　　○很讨厌　　　　○讨厌　　　　○一般　　　　○喜欢　　　　○很喜欢

7. 您是否是以下厂区的职工或职工家属？

　　○锅炉厂　　　○汽轮机厂　　○电机厂　　○都不是

8. 您对下列三个厂区了解吗？

	很陌生	陌生	一般了解	熟悉	很熟悉
锅炉厂	○	○	○	○	○
汽轮机厂	○	○	○	○	○
电机厂	○	○	○	○	○

9. 您是否知道三大动力包含三厂：锅炉厂、汽轮机厂和电机厂？　　○是　○否

10. 您对工人新村（锅炉厂家属区 / 汽轮机厂家属区 / 电机厂家属区）的生活环境满意吗？

　　○很不满意　　　○不满意　　　○一般　　　　○满意　　　　○很满意

11. 对于锅炉厂、汽轮机厂或电机厂，您对其怀念或记忆深刻的印象是：（可多选）

□厂区大门　　□工厂特色建筑　　□工厂普通厂房　　□工人新村（家属区）

□工业口号　　□工业雕塑或浮雕　　□其他 _____

12. 对于锅炉厂，您对下列事物有记忆印象吗？

	无	模糊	有
属 156 项工程 2 项（"一五"计划 1953—1957 年产物）	○	○	○
演变信息：建厂年代、苏联援建	○	○	○
名号：中国最大电站锅炉制造企业	○	○	○
名号：共和国装备工业"长子"	○	○	○
重要事件：创造历史上大量"第一"产品	○	○	○
重要事件：支援东方锅炉厂建设（三线建设）	○	○	○
来厂视察：周恩来、邓小平、江泽民等	○	○	○
"哈锅精神"：胸怀全局、团结拼搏、厂兴我荣、勇攀高峰	○	○	○
声音记忆：整点钟声	○	○	○

13. 对于汽轮机厂，您对下列事物有记忆印象吗？

	无	模糊	有
属 156 项工程 2 项（"一五"计划 1953—1957 年产物）	○	○	○
演变信息：建厂年代、苏联援建	○	○	○
名号："国家的宝贝、掌上明珠"	○	○	○
名号：中国汽轮机最大设计制造基地	○	○	○
重要事件：创造历史上大量"第一"产品	○	○	○
重要事件：1985 年出口巴基斯坦，开创商业出口先河	○	○	○
来厂视察：彭德怀、刘少奇、华罗庚等	○	○	○
声音记忆：整点钟声	○	○	○

14. 对于电机厂，您对下列事物有记忆印象吗？

	无	模糊	有
属 156 项工程（"一五"计划 1953—1957 年产物）	○	○	○
演变信息：建厂年代、苏联援建	○	○	○
前身为沈阳搬迁至哈尔滨的电工五厂	○	○	○
名号：共和国装备工业"长子"	○	○	○
名号：中国最大的电站电机生产企业	○	○	○
工厂在东北沦陷时期的赛马场动工建设	○	○	○
重要事件：创造历史上大量"第一"产品	○	○	○

	无	模糊	有
参与的重点项目有葛洲坝、三峡、宝钢、鞍钢、首钢等	○	○	○
来厂视察：朱德、邓小平、周恩来等	○	○	○
哈电精神："团结奋斗、求精务实、坚韧进取、竭诚奉献"	○	○	○
邓小平题词："电机工人"	○	○	○
吴邦国题词："中国核电从这里起步"	○	○	○
声音记忆：整点钟声	○	○	○

15. 您对以上表格中罗列事物的记忆途径是:（可多选）

　　□口述流传　□亲身经历　□企业宣传　□博物馆、档案馆　□网络

　　□城市小品（宣传栏、雕塑等）　□电视新闻媒体　□书籍、报刊　□其他

16. 如果三厂有搬迁改造的打算，您认为它们有保留的价值吗?

	很没必要	没必要	无所谓	有必要	很有必要
锅炉厂	○	○	○	○	○
汽轮机厂	○	○	○	○	○
电机厂	○	○	○	○	○

17. 未来您希望通过什么途径了解哈尔滨的工业文化?（可多选）

　　□口述流传　□亲身经历　□企业宣传　□博物馆、档案馆　□网络

　　□城市小品（宣传栏、雕塑等）　□电视新闻媒体　□书籍、报刊　□其他

18. 请对以下六厂的六个指标进行打分。

　　分数为 1、2、3、4、5，代表"很差、差、一般、好、很好"。

	了解程度	参与程度	政府的关注度	宣传力度	空间环境开放度	交通可达程度
锅炉厂						
汽轮机厂						
电机厂						
伟建机器厂（哈飞）						
东安机械厂（东安）						
东北轻合金厂						

哈尔滨工业记忆问卷调查（平房区篇）

您好，为了更好地指导哈尔滨未来的城镇化建设，留住城市记忆，为哈尔滨的工业文化保护与传承提供可靠依据，我们开展此次调查，希望得到您的帮助。问卷采用匿名调查，仅用于学术研究，不会透露个人信息。衷心感谢您的支持。

1. 性别：○男　　　○女

2. 年龄：○ 18 岁以下　　○ 18~44 岁　　○ 45~59 岁　　○ 60 岁以上

3. 职业：○工厂企业职工　　○公司职员　　○公务行政　　○学生

　　　　　○自由职业　　○无业　　　○其他

4. 学历：○初中及以下　○高中（中专）　○大学本科（大专）○研究生及以上

5. 在哈尔滨停留（工作 / 生活 / 学习）的时间：

　　　○短暂停留（如出差、旅游、探亲等）　○中长期停留 1~5 年

　　　○长期停留 6~10 年　　　　　　　　○长期停留＞ 10 年

6. 对哈尔滨的工业氛围 / 工业文化的总体感受是：

　　　○很讨厌　○讨厌　○一般　○喜欢　○很喜欢

7. 您是否是以下厂区的职工或职工家属？

　　　○哈飞（中航工业哈尔滨飞机工业集团有限责任公司）　○东北轻合金厂

　　　○东安（中国航发哈尔滨东安发动机有限公司）　　　　○都不是

8. 您对下列三个厂区了解吗？

	很陌生	陌生	一般了解	熟悉	很熟悉
哈飞	○	○	○	○	○
东安	○	○	○	○	○
东北轻合金厂	○	○	○	○	○

9. 您是否知道平房航空城包含三厂：哈飞、东安和东北轻合金厂？　　○是　○否

10. 您对工人新村（哈飞家属区、东安家属区或东轻家属区）的生活环境满意吗？

　　　○很不满意　○不满意　○一般　○满意　○很满意

11. 对于哈飞、东安或东北轻合金厂，您对其怀念或记忆深刻的印象是：（可多选）

　　　□厂区大门　□工厂特色建筑　□工厂普通厂房　□工人新村（家属区）

　　　□工业口号　□工业雕塑或浮雕　□其他 _____

12. 对于哈飞，您对下列事物有记忆印象吗？

	无	模糊	有
属 156 项工程（"一五"计划 1953—1957 年产物）	○	○	○
演变信息：建厂年代、苏联援建	○	○	○
别名：伟建机器厂	○	○	○
别名：黑龙江 122 厂	○	○	○
名号：飞机制造的鼻祖，航空骨干企业	○	○	○
重要事件：支援抗美援朝和空军训练	○	○	○
重要事件：创造历史上大量"第一"产品	○	○	○
重要事件：北京奥运会开幕式烟火脚印	○	○	○
来厂视察：周恩来、邓小平、刘少奇等	○	○	○
声音记忆：整点钟声	○	○	○
哈飞家属区被列为市级历史文化街区	○	○	○
厂区"四大建筑"：办公大楼、食堂、医院、俱乐部	○	○	○

13. 对于东安，您对下列事物有记忆印象吗？

	无	模糊	有
属 156 项工程（"一五"计划 1953—1957 年产物）	○	○	○
演变信息：建厂年代、苏联援建	○	○	○
原厂址为东北沦陷时期侵华日军空军部队飞机修理厂	○	○	○
别名：东安机械厂	○	○	○
别名：黑龙江 120 厂	○	○	○
名号：中国航空支柱企业	○	○	○
重要事件：创造历史上大量"第一"产品	○	○	○
重要事件：1965—1975 年按照"不做军火商、军援不要钱"精神，向亚非欧 8 个发展中国家援助机器	○	○	○
来厂视察：周恩来、邓小平、刘少奇等	○	○	○
声音记忆：整点钟声	○	○	○
东安家属区被列为市级历史文化街区	○	○	○

14. 对于东北轻合金厂，您对下列事物有记忆印象吗？

	无	模糊	有
属 156 项工程（"一五"计划 1953—1957 年产物）	○	○	○
演变信息：建厂年代、苏联援建	○	○	○
别名：新风加工厂	○	○	○

	无	模糊	有
别名：哈尔滨 101 厂	○	○	○
名号："祖国的银色支柱""中国镁铝加工业的摇篮"	○	○	○
重要事件：创造历史上大量"第一"产品	○	○	○
重要事件：参与"神舟"系列飞船和"嫦娥一号"等工程	○	○	○
重要事件：1966 年被命名为大庆企业	○	○	○
来厂视察：朱德、邓小平、董必武等	○	○	○
创建"天鹅"品牌	○	○	○
声音记忆：整点钟声	○	○	○
2 处哈尔滨市级保护建筑：东办公楼和西办公楼	○	○	○

15. 您对以上表格中罗列事物的记忆途径是：（可多选）

　　□口述流传　　□亲身经历　　□企业宣传　　□博物馆、档案馆　　□网络

　　□城市小品（宣传栏、雕塑等）　□电视新闻媒体　　□书籍、报刊　　□其他

16. 如果三厂有搬迁改造的打算，您认为它们有保留的价值吗？

	很没必要	没必要	无所谓	有必要	很有必要
哈飞	○	○	○	○	○
东安	○	○	○	○	○
东北轻合金厂	○	○	○	○	○

17. 未来您希望通过什么途径了解哈尔滨的工业文化？（可多选）

　　□口述流传　　□亲身经历　　□企业宣传　　□博物馆、档案馆　　□网络

　　□城市小品（宣传栏、雕塑等）　□电视新闻媒体　　□书籍、报刊　　□其他

18. 请对以下六厂的六个指标进行打分，分数为 1、2、3、4、5，代表"很差、差、一般、好、很好"。

	了解程度	参与程度	政府的关注度	宣传力度	空间环境开放度	交通可达程度
锅炉厂						
汽轮机厂						
电机厂						
伟建机器厂（哈飞）						
东安机械厂（东安）						
东北轻合金厂						

"百度新闻"搜索引擎关于"哈尔滨工业遗产"的有效报道

编号	标题	来源	日期
1	哈尔滨市文昌街、红军街三座经典老建筑被毁容	东北网-黑龙江日报	2006-04-19
2	工业遗产：家底不清保护不力	黑龙江日报	2006-10-16
3	非古建筑非文物 老厂房老机器工业遗产需保护	黑龙江新闻报	2008-04-15
4	哈市将建立工业遗产博物馆 14户企业工业遗址获保护	哈尔滨日报	2008-09-23
5	哈尔滨工业遗产亟待保护 老厂区正被高楼大厦取代	哈尔滨日报	2008-10-16
6	开发商欲卖保护建筑"爱建"对百年厂房不愿尽责	东北网	2008-11-05
7	哈南工业新城打造国际现代生态工业新城区	哈尔滨日报	2010-01-11
8	中外专家聚冰城把脉城建：旧城区改造应保存历史真实性	东北网	2010-09-13
9	哈尔滨瞄准现代化大都市目标实施"中兴"建设	财政部	2011-03-31
10	哈尔滨市实施中兴建设十项重点工程方案出台	黑龙江晨报	2011-04-15
11	《哈尔滨市2011年"中兴"建设10项重点工程实施方案》解读	黑龙江日报	2011-06-24
12	哈埠企业博物馆：为老工业基地"把根留住"	东北网	2012-01-09
13	黑龙江新发现7000余处不可移动文物	新华网	2012-02-24
14	哈尔滨市老建筑晋升"工业遗产"	东北网	2012-04-11
15	中俄友协倡议保护156项工程工业遗产 曾初步形成中国工业化基础	新华网	2014-10-10
16	哈市香坊老工业区 将华丽变身时尚之地	黑龙江新闻网	2014-12-20
17	政协委员：保护156项工程工业遗产	中国经济网	2015-03-13
18	国家新政扶持：哈轴电碳哈啤搬迁5年内完成	东北网	2015-03-26
19	哈轴电碳哈啤已基本搬完 哈轴原址将建6万平方米购物广场	东北网	2015-03-27
20	哈尔滨推动香坊老工业区转身 将建近代工业遗址公园等项目	东北网	2015-3-31
21	哈尔滨香坊老工业区搬迁旧址主题公园展馆串成线	东北网	2015-4-10
22	哈尔滨市香坊老工业区搬迁改造全面启动 预计2020年完成	人民网黑龙江站	2015-04-13
23	哈市香坊区推进老工业基地搬迁改造老工业区变旅游景点	东北网	2015-04-23
24	8条"遗址旅游线"讲述冰城百年历史	东北网	2015-04-24
25	留下美丽的"工业情怀"——走访哈尔滨香坊区老工业区搬迁一线	新华网	2015-04-24
26	哈市香坊区依托工业文化开展特色旅游线路	东北网	2015-10-11
27	画说哈尔滨解放70周年|从"制造"到"智造"工业基地的哈尔滨实力没变	哈尔滨新闻网	2016-04-30
28	哈市香坊区五年计划出炉 朝阳、黎明、幸福建三个商圈	东北网	2016-12-10
29	打造具有国际竞争力装备产业集群 香坊区科学谋划绘就未来五年蓝图	黑龙江日报	2016-12-26
30	"三大动力"等纳入老工业区搬迁改造范围	新晚报	2017-02-09
31	建设工业强区推动区域转型发展 访哈尔滨市香坊区委书记李四川	东北网	2017-02-27

编号	标题	来源	日期
32	《哈尔滨历史文化名城保护规划》将修编 新增阿城、双城历史文化名城保护内容	东北网	2017-06-20
33	哈尔滨市香坊区三年"工业强区"建设启动	东北网	2017-08-29
34	【实干新征程·香坊篇】坚持实施工业强区 开创振兴发展新时代	哈尔滨日报	2017-11-09

参考文献

注：文中未注明出处来源的表格与图片均为作者自制。

[1] Rossi A. The architecture of the city[M]. Cambridge：MIT Press，1982.

[2] E·杜尔干.宗教生活的初级形式 [M]. 林宗锦，彭守义，译.北京：中央民族大学出版社，1999.

[3] Maurice Halbwachs. On Collective Memory[M]. Chicago：The University Of Chicago Press，1992.

[4] Assmann J. Daskulturelles Gedachtnis.Schrift，Erinnerung and politische Idential in frühen Hochkul-turen[M]. Munchen：C.H.Beck，1992.

[5] 汪芳.迁移中的记忆与乡愁：城乡记忆的演变机制和空间逻辑 [J].地理研究，2017，36（01）：3-25.

[6] 张少伟."记得住乡愁"——兰州城市记忆研究 [D].兰州：兰州大学，2016：15-16.

[7] Paul Connerton. How Societies Remember[M]. Cambridge：Cambridge University Press，1989.

[8] Christine M.B. The City of Cllective Memory：Its History Image and Architectural Entertainments[M]. Cambridge，Massachusetts：MIT Press，1994.

[9] Foucault M. "Truth and Power". In Colin Gordon（ed.），Power/Knowledge：Selected Interviews & Other Writings 1972-1977 by Michel Foucault[M]. Pantheon，1980.

[10] 董志凯，吴江.新中国工业的奠基石——156项工程建设研究 [M].广东：广东经济出版社，2004.

[11] 杨晋毅.郑州市"一五"时期工业遗产保护研究——暨郑州市工业布局综述 [J].遗产与保护研究，2018，3（04）：25-33.

[12] 杨晋毅，杨茹萍."一五"时期156项目工业建筑遗产保护研究 [J].北京规划建设，2011（01）：13-17.

[13] 孙跃杰,徐苏斌,张轶轮,等.洛阳50年代工业遗产适宜性再利用改造设计探索[J].工业建筑，2016，46（01）：62-65+79.

[14] 孙跃杰，徐苏斌，青木信夫.洛阳"一五"时期苏式住宅街坊考察与改造探索[J].城市发展研究，2015，22（01）：51-55.

[15] Bjorklund E M. The Danwei：Socio-spatial Characteristics of Work Units in China's Urban Society[J]. Economic Geography，1986，62（1）：19-29.

[16] 张帆.社会转型期的单位大院形态演变、问题及对策研究——以北京市为例 [D].南京：东南大学，2004.

[17] 田毅鹏.“典型单位制”对东北老工业基地社区发展的制约 [J]. 吉林大学社会科学学报，
     2004（04）：97–102.

[18] 王乐. 单位大院的形态演变模式及其对城市空间的影响 [D]. 大连：大连理工大学，2010.

[19] 中共哈尔滨市委党史研究室编.“一五”时期哈尔滨国家重点工程项目的建设与发展 [M].
     哈尔滨：黑龙江人民出版社，1998：2–4.

[20] 中国工业遗产保护名录第一批名单公布 [EB/OL].（2018-1-27）[2018-5-23].https：//www.
     thepaper.cn/newsDetail_forward_1971863.

[21] 郝帅，刘伯英. 工业遗产的社会价值 [C]// 中国工业遗产调查、研究与保护（七）——2016
     年中国第七届工业遗产学术研讨会论文集. 北京：清华大学出版社，2017：43–61.

[22] 哈尔滨市地方志编纂委员会. 哈尔滨市志·城市规划 [M]. 哈尔滨：黑龙江人民出版社，
     1998.

[23] 徐苏斌，孙跃杰，青木信夫. 从工业遗产到城市遗产——洛阳 156 时期工业遗产物质构成
     分析 [J]. 城市发展研究，2015，22（08）：112–117.

[24] 张津铭. 哈尔滨市香坊区 156 项工程工业遗产价值评估研究 [D]. 沈阳：沈阳建筑大学，
     2016：17–74.

[25] 哈尔滨市城市规划局. 哈尔滨·印·象 [M]. 北京：中国建筑工业出版社，2005：12–13，
     30–123.

[26] 汪芳，刘健，陈旭来. 北京城市南北、东西轴线的规划定位与媒体认知 [J]. 城市问题，
     2015（07）：39–47.

[27] 哈尔滨市城乡规划局.2010 年哈尔滨市城市设计成果集 [M]. 哈尔滨：哈尔滨出版社，2011.

[28] 走向活力新城：工厂城的更新之路 [EB/OL].（2017-8-1）[2018-7-10]. https：//site.douban.
     com/urbanchina/widget/notes/1472394/note/631414701/？from=author.

[29] 叶原源，刘玉亭，黄幸.“在地文化”导向下的社区多元与自主微更新 [J]. 规划师，2018，
     34（02）：31–36.